친애하는 인간에게, 물고기 올림

일러두기

—각 해양생물의 학명은 영어명과 구분할 수 있도록 이탤릭체로 표기하였습니다.

—이 책의 1장과 2장은 기존에 부키 출판사에서 출간된 『멸치머리엔 블랙박스가 있다』의 내용을 수정·보완하여 재구성한 것이고, 3장과 4장은 경향신문의 칼럼 〈전문가의 세계〉 '漁! 뼈대 있는 가문, 뼈대 없는 가문'에 연재했던 원고를 수정·보완한 것입니다.

—사진 및 자료를 제공해주신 모든 기관 및 관계자 분들에게 고개 숙여 감사드립니다. 일부 확인이 미비한 사진은, 저작권이 확인되는 대로 절차에 따라 재차 허가를 받도록 하겠습니다.

친애하는
인간에게

〰〰〰〰〰〰〰〰

─────────

〰〰〰〰〰〰〰〰

물고기 올림

황선도 지음

〰〰〰〰〰〰〰〰

동아시아

머리말

바다와 물고기에 관련해서 어떠한 문제가 일어난다면, 그 원인과 답을 어디에서 찾아야 할까요? 물과 바다에서만 답을 찾을 수 있는 것은 아닙니다. 바다의 문제는 오히려 바닷가, 육지에서 비롯하는 일이 비일비재합니다. 해양생물들에게는 죄가 없습니다. 그들은 오랜 기간, 환경에 적응해가면서 잘 살아오고 있었습니다. 그런데 지금 와서 그들의 생존이 위협을 받고, 나아가 생태계 전체가 위태로워진다면 그건 육지에 살고 있는 우리에게서 원인을 찾아야 하지 않을까요?

자연은 결코 정체되어 있지 않습니다. 늘 변화하며 진화합니다. 이는 자연스러운 현상이기 때문에 겁낼 필요는 전혀 없습니다. 경계해야 할 것은 자연스럽지 않은 변화입니다. 인위적인 변화와 가해가 일으키는 문제는 예측할 수 없는 결과로 다가옵니다.

얼마 전에 SNS를 통해서 충격적인 사진을 보았습니다. 플라스틱 빨대가 거북이의 코에 꽂힌 사진이었습니다. 이를 보고 많은 사람들이 가

슴 아파했습니다. 이뿐만이 아닙니다. 해양생태계에 가해지는 각종 위협을 들자면 끝이 없습니다. 이런 문제를 어떻게 풀어야 할까요?

생태계 보호를 위해 조업을 금지하면 해결될까요? 현실적으로 불가능합니다. 조업을 전면적으로 금지시킬 권한은 누구에게도 주어져 있지 않습니다. 어민들의 생존권 문제도 있거니와, 조업을 금지한다고 해서 해양생태계 문제가 모두 해결될 정도로 단순한 문제도 아닙니다. 특히 요즘은 수산자원관리법 등이 강화되고, 어민들 스스로도 자원의 고갈을 경계해 스스로 조심하고 있으니까요. 어민들의 조업 외에도 수많은 요소가 해양생태계를 위협합니다.

대표적인 것이 환경 조성 사업입니다. 가령 하굿둑 문제가 있지요. 거의 4대강 사업만큼이나 큰 문제입니다. 하굿둑은 강과 바다를 갈라놓습니다. '기수역'과 그곳만의 생물들이 사실상 사라졌습니다. 바다로 흘러가는 담수를 막아 농업용수를 공급한다는 목적이 지금도 유효한지 살펴봐야 합니다. 과잉 개발된 부분을 걷어내고 막힌 게 있으면 뚫어야 합니다. 인간의 단기적인 편익을 위해 둑을 쌓고 간척을 했지만, 물고기 입장에서 보면 서식지가 파괴되고 없어진 겁니다. 수산자원이 감소하는 주요한 원인입니다. 서식지가 줄어드는데 생물다양성이 보존될 수 있을까요?

이제 패러다임을 좀 바꿔보았으면 합니다. 지금껏 우리는 바다를, 해양자원을 '개발'하는 '인간'의 시선으로 모든 것을 바라보았습니다. 이제는 '물고기의 눈으로 바다를 바라보는' 시각이 필요하다는 것입니다. 이것이야말로 난개발로 해양생물의 서식지가 줄어드는 것들을 방지하고, 더 나아가서는 이미 훼손된 서식지를 '역개발'을 통해서라도 복원할 수 있는 해결책이 될 것입니다.

역개발은 지역경제도 활성화시켜 개발과 보존이 상생할 수 있는 길입니다. 이를 위해 '물길자유구역'이란 개념을 생각해봤습니다. 이미 관광특구, 경제특구 따위가 있는데, 물길특구가 없으란 법도 없지요. 예로부터 우리는 강과 바다의 하구를 중심으로 공동의 생활 문화권을 형성해왔습니다. 그런데 행정구역이 구분되고, 지자체들 간의 이기주의가 팽배해지면서 물을 둘러싸고 무질서한 개발이 앞다투어 이루어진 겁니다. 결국 이 난개발이 해양생태계를 파괴하고 있는 실정입니다. 거기다 해양생태계를 둘러싼 사람들의 삶과 공동체 문화 그리고 전통 지식의 존재까지 위협받고 있는 상황입니다. 이를 해결하기 위해, '물'을 둘러싸고 있는 지자체 간, 중앙정부 내 부처 간 경계를 뛰어넘어 소통과 협치로 통합관리되는 '물길자유구역'을 조성하자는 겁니다.

물고기를 단순히 수산자원으로만 생각하면 안 됩니다. 생명체기 때문에 그 생명에 대해 존중하는 마음이 있어야 합니다. 보통 물고기가 지능이 없다고 생각해 함부로 대해도 죄책감을 갖지 않는 것 같습니다. 『물고기는 알고 있다』의 저자 밸컴은 물고기가 지능이 충분히 있고 심지어 고통도 느낀다고 말합니다.

얼마 전 한겨레신문 <애니멀 피플>에 '이런 모성애와 지능이면 통증을 모를리 없다'라는 기사가 있었습니다. 낙지는 알을 낳아 부착해놓고 계속 알을 쓰다듬습니다. 그리고 물을 계속 휘저어 신선하게 만들어서 산소를 공급시킵니다. 이런 행동 습관을 보고 국립해양생물자원관의 연구자가 낙지의 DNA에 모성애를 발현하는 유전자가 있다는 가설을 세우고 연구를 하고 있습니다.

사실 우리가 해양생물을 잘 이해하지 못하는 것은 너무 당연한 거예요. 우주에는 관심이 많고, 가본 경험도 있습니다. 근데 바다 밑에를 들어가는 것은 우주 가는 것만큼 쉬운 일은 아닙니다. 그래서 우리는 사실 바다에 대해서 그렇게 많이 알지 못합니다. 국립해양생물자원관에서 운영하는 해양생물 전문 박물관인 씨큐리움의 한쪽 벽면에는 '지구 생물의 80%는 바다에 산다. 우리는 오직 1%만 알고 있다'라고 쓰여 있습니다. 나는 거기에 '국립해양생물자원관은 나머지 99%를 위해서 연구하고 있습니다'라는 말을 덧붙이고 싶습니다.

국립해양생물자원관을 상징하는 로고에는 바다를 상징하는 파도와 식물인 해조류, 동물인 물고기 그리고 사람이 그려져 있습니다. 바다를 안다고 말하려면 이 모든 것들을 아우를 수 있어야 합니다. 사람이 바다와 해양생물에게 미치는 막대한 영향과 책임감도 알고 있어야 함은 물론입니다. 나는 이것을 다 아우르는 국립해양생물자원관을 만들고 싶습니다.

과학에는 문화를 변화시킬 수 있는 힘이 있습니다. 바다는 경제적 이익뿐 아니라, 갈수록 피폐해지는 현대사회에서 사람의 정신과 마음을 치유하고 달래는 블루칩이 될 수 있습니다. 개인적으로 해양수산문화의 선진 여부를 묻는다면, '부부가 숄을 어깨에 함께 두르고 석양을 30분 이상 바라볼 수 있는 것'을 기준으로 삼아야 한다고 이야기하고 싶습니다.

이 책은 경향신문 <전문가의 세계>에 연재한 '漁! 뼈대 있는 가문, 뼈대 없는 가문' 원고와, 계약이 끝나 표류하던 『멸치 머리엔 블랙박스가 있다』 원고를 재구성하여 만들었습니다. 까칠하게 구는 나의 원고를 받아 지면에 소개해준 경향신문 장정현 국장과, 어떤 술자리도 마다하지 않고 나타나 이야기를 듣다가 결국 책을 만들어준 동아시아 출판사 한성봉 사장께 고마움을 표합니다.

아이들이 좋아하는 애니메이션 <포켓몬스터 XY&Z>에서 포켓몬인 '거북손손'과 '거북손데스'의 모티브가 거북손이란 사실을 최근에 알았습니다. 어릴 때 그렇게 좋아하던 만화영화를 이제는 보지 않기 때문일 것입니다. 이미 청년이 되어 가요 프로를 보겠다는 형들에게 만화영화 채널을 빼앗기고, 난 커서도 만화영화를 볼 것이라고 분풀이 다짐을 했던 내 어릴 적 기억이 떠올라 쓸쓸합니다. 바다속에는 우리가 잘 볼 수 없어 우리 눈에 낯선 해양생물들이 만화나 공상과학영화에서 외계인이나 괴물의 모델이 되기도 합니다. 아직도 그럴 만한 소재는

무수히 많습니다. 이제 더 이상 만화를 보지 않는 어른이 되었지만, 다행히 캐릭터 소재를 제공할 수 있게 되었습니다. 영화계에서 내게 연락이 오기만 기다립니다.

전국으로 돌아다니다가 군산에서 더하고 서천에서 정리하다

2019년 8월

황선도

차례

1장. 한반도 물고기의 품격

생긴대로 산다?
사는 대로 생겨진다

고등어

육상동물은 잘 뛸수록, 먹이도 잘 잡고 도망도 잘 친다. 따라서 다리가 튼튼해야 한다. 한편 물고기에게 중요한 것은 체형이다.

물은 공기보다 밀도가 커서 저항을 적게 받아야 빠르게 헤엄칠 수 있기 때문이다. 고등어 같은 유선형의 물고기는 헤엄칠 때 물이 소용돌이치지 않고 몸을 타고 흐르기 때문에 물의 저항을 거의 받지 않는다. 비행기의 날개가 이를 본떠 만들었을 것이다. 또, 튀어나온 부분 없이 몸이 매끄럽고 피부에 점액질이 있어 물과의 마찰을 최소화한다. 지느러미도 사용하지 않을 때에는 접히게 되어 있어 앞으로 전진할 때 저항을 받지 않게 한다.

유영 속도가 빠른 어류들은 분류학적으로 서로 계통군이 다르더라도 생존에 유리하도록 빠르게 헤엄칠 수 있는 체형으로 비슷하게 진화한 것이다. 같은 맥락에서, 잔잔한 물에 사는 돔과 같이 옆으로 납작한 물고기는 순간적인 방향 전환이 쉽고, 뱀장어와 같이 몸이 가늘고 긴 물고기는 펄 속과 구멍을 쉽게 헤집고 다닐 수 있다. 이와 같이 물고기들은 사는 환경과 유영 속도에 따라 모양이 다르게 진화한다.

그중에서도 고등어는 최고의 몸매를 가졌다고 할 수 있다. 몸의 횡단면은 위가 약간 넓은 타원형이며, 종단면은 주둥이 쪽이 뾰족하고 등지느러미 시작부의 체고가 가장 높으며 꼬리로 갈수록 가늘어지는 유선형이다. 고등어야말로 '물고기계의 S라인'이라고 할 수 있다.

떠살이 물고기의 위장술

고등어는 유영 속도가 빨라 평균 시속 60~70킬로미터로 헤엄칠 수 있다고 한다. 이는 42.195킬로미터를 2시간대에 달린 황영조보다 빠르고, 1,500미터를 15분 안에 헤엄치는 박태환 선수와 및먹는 빠르기이다. 더군다나 인간과 달리 온종일 계속 헤엄쳐도 지치지 않고 순간 속도는 상상할 수 없을 만큼 빠르니, 고등어와는 수영 시합을 해봐야 손해이다.

고등어는 두 종류의 지느러미를 가지고 있다. 등지느러미·뒷지느러미·꼬리지느러미는 홑지느러미이고, 가슴지느러미와 배지느러미는 쌍지느러미이다. 홑지느러미는 몸의 수평을 유지하여 헤엄칠 때 뒤뚱거리지 않게 하고, 쌍지느러미는 위아래로 오르내릴 때 사용한다. 크기도 작은 가슴지느러미와 배지느러미를 아무리 휘저어봐야 큰 몸을 빠르게 움직일 수는 없어 속도를 내는 데는 별로 이용하지 않는다. 빠르게 헤엄칠 때에는 물고기가 파닥거릴 때 볼 수 있듯이 꼬리자루가 꼬리지느러미와 함께 물을 좌우로 밀어 그 반작용으로 추진력을 만들어낸다. 물고기의 몸통 뒷부분이 유연성이 좋아 척추가 좌우로 잘 휘기 때문에 생긴 수영법이다. 이와 달리 사람은 척추가 앞뒤로 잘 휘어지기에 몸을 위아래로 접어가며 나아가는 접영, 발바닥으로 물을 밀어 헤엄치는 평영 그리고 손을 앞으로 뻗어 손바닥으로 물을 잡아당겨 뒤로 밀어내

고등어의 체형은 매끈한 유선형이다 ⓒ김태훈

면서 전진하는 자유영을 개발한 것이다.

이렇게 동물들은 생긴 대로 산다. 아니, 사실은 사는 대로 생겨진 것이 진화의 결과일 것이다. 만물이 그러하니 사람 역시 외모를 바꾸어 삶을 바꾸려는 노력보다 내면의 인상과 자세를 바르게 하여 얼굴과 몸매를 가꾸는 것이 순리가 아닐까?

풀 위에 사는 풀벌레는 풀색을 띠고, 바다 밑 모래 바닥에 사는 가자미는 모래와 같은 색을 띠어 포식자의 눈에 띄지 않게 위장할 수 있다. 그러나 고등어를 비롯한 참치, 삼치, 정어리 등과 같이 평생을 물에 떠서 사는 표영어류(떠살이 물고기)는 위아래, 전후좌우 모두가 투명한 3차원 공간에 노출되어 있어 숨을 곳이 없다. 그래서 이들 떠살이 물고기들은 대체로 등 쪽이 푸르고 배 쪽이 은백색이다. 등 색깔이 푸른 것은 먹잇감을 찾아 배회하는 바닷새가 하늘에서 내려다보았을 때 바다색과 구별하지 못하게 하기 위해서인데, 특히 고등어 등에 있는 녹청색의 물결무늬는 물결이 어른거리는 모양새를 하고 있다. 그리고 물속에서 수면을 보면 햇빛이 투과되어 은백색으로 보이기 때문에, 물속에 있는 포식자가 위로 쳐다보았을 때 떠살이 물고기들의 배와 분간하기 힘들다. 고등어를 비롯한 여러 떠살이 물고기들의 이와 같은 보호색은 훌륭한 위장술이라고 할 수 있다.

가을 고등어는 며느리에게도 안 준다

옛날을 추억하는 몇몇 이들은 어릴 적 장날, 할아버지가 사 오신 새끼줄에 매달려 있던 입맛 돋우는 자반고등어를 기억할 것이다. 자반고등어는 소금에 절인 고등어이다. 여기서 '자반'은 식사를 도와준다는 뜻의 좌반佐飯이 변한 말로, 생선 · 콩 · 미역 · 김 · 쇠고기 등을 소금에 절이거나 간장에 조려 저장해놓고 오래 먹는 반찬을 말한다. 대중가요에서도 엿볼 수 있듯 고등어는 아버지의 힘이 되고 아이를 성장시키고 가족의 사랑을 이어주는 서민의 생선이었다.

한밤중에 목이 말라 냉장고를 열어보니 한 귀퉁이에 고등어가 소금에 절여
져 있네.… 나는 내일 아침에는 고등어구이를 먹을 수 있네…

_<어머니와 고등어>, 김창완

내가 직접 고등어구이를 맛본 것은 제주였다. 2000년대 초반 몇 년 동
안 겨울이 지나가는 2~3월이면 실뱀장어 조사를 하러 제주 중문에 있
는 천제연폭포 아래 성산포구로 출장을 갔다. 실뱀장어란 놈은 물때
맞춰, 그것도 야간에 밀려들어오기 때문에 한밤중에 조사를 해야 했
다. 자정을 훌쩍 넘어 일을 마치고 돌아오면 춥고 지친 몸을 달랠 수 있
는 곳이라고는 콘도 뜰 안의 포장마차뿐. 출출한 배를 달래려 제주 한
라산소주 한잔에 곁들인 안주가 고등어구이였다. 제주도 주변 해역으
로 고등어가 월동하러 모여드는 시기여서, 포장마차 주인이 새벽마다
수산물시장에서 막 잡은 신선한 고등어를 사 와 간간하게 소금에 절이
고 하루 재워두었다가 술안주로 내놓았는데, 맛도 맛이려니와 연탄불
에 구울 때 새어나오는 고등어 기름 냄새가 젓가락질을 재촉하였다.
고등어는 봄이 되면 연안으로 몰려들고, 이때 어부들이 연안에서 고등
어를 손쉽게 많이 잡았다. 일시에 많이 잡히므로 냉동시설과 교통이
발달하지 못했던 시절에는 장사꾼들이 내륙 산간 오지까지 신선한 생
선을 수송할 수가 없어 소금에 절여 유통기간을 늘렸을 것이다.
'간고등어'라고도 하는 자반고등어는 확실치는 않으나 안동에서 유래

되었다는 이야기가 있다. 특히 안동 간고등어는 임금님 수랏상에까지 진상되었다고 한다. 고등어는 '손'이란 단위로 세는데, 손은 물고기나 채소 따위를 한 번 집어드는 수량을 말하며 고등어는 두 마리를 한 손이라 한다. 한 손을 한 팩으로 만들어 파는 안동 간고등어의 가격은 크기에 따라 다르지만 1만 원을 호가하는 정도이다.

고등어 맛은 초가을부터 늦가을까지가 일품이다. 옛날에 고부갈등이 심할 때 '가을 배와 가을 고등어는 며느리에게 주지 않는다'라는 말이 있을 정도였다. 이 말은 고등어가 너무도 맛이 있어 며느리가 못 먹게 한다는 의미로 해석되지만, 고등어에 지방이 너무 많아 혹시 임신한 며느리가 탈이 날까 주의하는 의미도 있지 않을까 생각해본다.

영양가는 높지만 값싼 '고등한 물고기'

고등어는 전갱이와 함께 '바다의 보리'라고 불린다. 보리처럼 영양가가 높고 값이 싸서 서민에게 친근한 생선이었기 때문이다. 어획량도 많다. 우리나라는 물론 세계 여러 바다에 이르기까지 그 분포가 넓고 많이 잡힌다. 그런데 고등어는 낚아 올리는 즉시 죽고, 죽자마자 붉은 살이 빠르게 부패한다. 살아 있을 때는 영양의 보고이자 높은 에너지를 발생시키는 붉은 살에 함유되어 있는 히스티딘이 사후에는 히스타민으로 변환되고, 이 물질이 알레르기 증상을 일으켜 두드러기, 복통, 구토 등이 생길 수 있다. 오죽하면 '고등어는 살아서도 부패한다'라는 말이 생겼을 정도이다.

그동안은 흔해서, 혹은 신선도를 유지하기 어려워서 가치만큼 대접받지 못했으나 유통 구조의 정비와 각종 요리법의 개발로 많은 사람의 입맛을 사로잡는 일급 생선으로 각광받고 있다. 또, 고등어 같은 등푸른생선이 머리를 좋게 한다고 인기를 끌면서 그 값이 오르고 있다.

경제적 여유가 생기고 육류 섭취량이 늘면서 성인병이 사회문제가 되고 있는데, 그런 사람들에게 '고등'한 물고기가 필요할지도 모르겠다. 사람이 살아가기 위해서는 필수영양분으로 단백질이 필요한데 육류보다는 수산물의 단백질이 좋고, 그중 지느러미를 가진 생선, 특히 등 푸른 생선에 이로운 영양 요소가 많이 들어 있다.

그런 면에서 지느러미를 가진 생선이면서 등 푸른 생선의 대명사인 고등어는 참 '고등한 물고기'라 할 수 있다. 고등어에는 머리를 좋아지게 하는 뇌세포 활성 물질인 DHA가 풍부한데, 이는 자라나는 어린이와 수험생에게 꼭 필요한 영양소란다. 또, 고등어에는 EPA 같은 고도 불포화 지방산도 많아 다이어트에 좋고, 성인병의 원인이 되는 콜레스테롤을 낮춰 동맥경화와 뇌졸중을 예방하는 데 효과적이라 하니 많이들 애용하시라.

보름밤에는 쉬어 가는 고등어잡이

대형 선망[1]이 고등어잡이를 하는 밤바다는 고등어가 모이도록 배에서 밝힌 불로 불야성을 이룬다. 선망어업은 한 통, 즉 본선 1척과 등선 2척, 운반선 3척으로 선단을 이루어 조업한다.

등선은 어군탐지기를 이용하여 어장이 형성되는 곳을 계속 탐색한다. 고등어 떼를 찾으면 불을 밝혀 어군을 모으고, 본선은 어군에 그물을 둘러친다. 고등어잡이에 쓰이는 건착망[2] 형태의 대형 선망은 높이 200미터, 길이 1킬로미터가 되는 아주 큰 어구이다. 그물이 어군을 둘러싸면 등선은 밖으로 빠져나오고 어망 아래 고리를 건 조임줄을 당겨 아래를 좁게 하여 주머니 모양을 만들어 그물 안에 잡힌 고등어를 들어 올려 운반선에 담는다. 고등어는 떼를 이루어 다니는 특성이 있어 한 번에 평균 10톤 정도가 잡힌다. 운반선은 잡히는 대로 계속 항구로 나르고, 등선은 계속하여 다른 고등어 어군을 찾는다. 보름달 전후 5일간은 월명기月明期라고 하여 달빛이 밝아서 등불로 어군을 모을 수 없기 때문에 조업을 하지 않는다.

전 세계 고등어 어획량은 1950~1960년대에 50만 톤에서 급격히 증가

---

1 대규모 어군을 기다란 그물로 둥글게 둘러싸서 우리에 가둔 후 차차 그 범위를 좁혀 끌어올리는 어업을 선망어업이라고 한다.

2 띠 모양의 큰 그물로 고기를 둘러싸고 줄을 잡아당기면 고기가 빠져나가지 못하게 된다.

대형 선망의 고등어잡이 ⓒ대형선망수협

하여 1970년대에는 200만 톤 수준이었으며, 1980년대 초반에 350만 톤에 육박하여 최대를 보였다. 이후 다시 감소하여 200만 톤 수준을 유지하고 있다. 우리나라 연근해 고등어 어획량은 1970년대 초반에서 중반까지 10만 톤 이하였다가 1990년대까지 서서히 증가하는 추세였다. 1996년에 40만 톤을 넘어 최고를 기록한 뒤로는 어획량이 감소하여 10만~20만 톤 사이에서 변동이 심하다. 기후변화나 종간 경쟁과의 관련성 때문에 수산자원 생태학적으로 관심의 대상이 되고 있다.

고등어는 우리나라에서 최대 어획고를 내는 어족 자원 중의 하나이다. 그러나 내가 연구한 바에 의하면 어획된 고등어의 40퍼센트 정도가 1

년생 미만의 어린 고기여서, 앞으로 자원 관리에 어떤 영향을 끼칠지에 대한 연구가 시급히 요구된다.

바다의 진정한 여행가, 고등어

나는 1999년에 고등어의 자원생태학적 연구로 박사학위를 받았다. 고등어는 호주 주변과 인도양 동부 연안을 제외한 전 세계의 열대 및 아열대 연안에 널리 분포한다. 특히 우리나라 주변 해역과 일본, 중국 연근해에 서식하는데, 여러 계군으로 나뉘어 있는 것으로 추정되고 있다. 한반도 주변에 사는 고등어는 1~3월에 양쯔강 남부, 3~5월에 규슈 서부, 5~7월 제주도 근해 및 6~7월 미시마 근해에서 산란하는 4개의 계군이 있는 것으로 알려져 있다. 그러나 우리나라 동해와 황해, 남해로 언제 회유하는지, 언제 산란하는지, 얼마나 빨리 자라는지, 그리고 남획되고 있지는 않은지 등 구체적인 자원 생태는 잘 알려져 있지 않았다. 이에 대해 당시 나의 논문에서 밝혔던 고등어의 생태에 관한 정보를 좀 풀어보겠다.

우리나라 주변에 사는 고등어는 제주도 근해에서 겨울(1~3월)을 난다. 3~7월(주 산란기는 4~6월)에 제주도 주변 해역 및 동중국해에서 수온 15~23℃(최적 산란 수온 17~18℃)일 때 산란을 하는데, 밤에 수심 50미

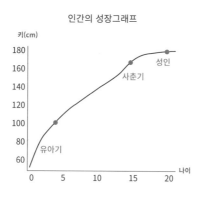

인간의 성장그래프

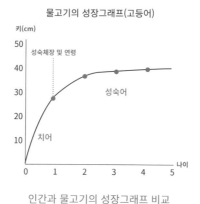

물고기의 성장그래프(고등어)

인간과 물고기의 성장그래프 비교

터 정도에서 암수가 동시에 방란·방정하여 수정한다. 고등어 배 속에서 산란하는 알의 수는 11만~57만 개로 0.95밀리미터 크기이며, 알에서 부화했을 때 새끼의 체장은 2.82~3.22밀리미터이다. 부화한 어린 새끼들은 남해안으로 접근하여 먹이가 많고 포식자가 적은 연안에서 자라다가 크기가 15센티미터 정도로 성장하는 8월이 되면 먼 바다로 이동한다.

7~8월부터는 황해 계군이 북상하여 7월에서 11월 사이는 황해 중부에도 어장이 형성되고, 9~10월에는 동해 계군이 북상을 시작하여 동해안으로 이동한다. 11월 말부터는 다시 남쪽의 월동장으로 남하하여 12월부터는 월동장 부근에 어장이 형성된다. 고등어는 1년이 지나면 가량이 체장이 28센티미터, 2년이면 32센티미터, 3년에 36센티미터, 4년에 39센티미터 정도로 크며 최대 수명은 5세 정도로 추정하고 있다. 1년을 자라면 50퍼센트가 산란에 참여하며, 2년이 지나면 모든 개체가 산란할 수 있을 만큼 성장한다.

고등어는 따뜻한 물을 좋아하는 온대성 어류로 서식 수온은 7~25℃(최적 서식 수온 15℃ 내외)이다. 서식 수층은 200미터 정도보다 낮은 수심이다. 적당한 수온과 먹이를 찾아서 긴 여행을 하는 회유성 어종[3]인 고등어는 진정한 여행가라고 할 수 있다.

우리나라 표영어류가 대부분 그러하지만 고등어는 초기 성장이 아주 빠르다. 5월에 산란하여 그해 늦가을에 20센티미터까지 자라 일생에 커야 할 크기의 3분의 2가 자라는 꼴이다. 아마도 빨리 자라 취약한 어린 시기를 탈출하려는 생존 전략일 것이다. 이와 같은 빠른 초기 성장 속도는 상상하기 어려운 정도였고, 처음에는 분석이 틀린 게 아닌지

---

3 큰 무리를 지어 주기적으로 이동하면서 사는 물고기 종류.

고민도 많았다. 학위를 받고도 수년에 걸쳐 재고하고 또 재고하여 해외 유명 저널에도 실렸으니, 지금은 검증을 받은 셈이다.

사바사바는 고등어고등어

고등어는 예로부터 우리 민족과 관계가 밀접한 만큼 그 이름도 가지각색이다. 『자산어보玆山魚譜』에는 등에 무늬가 있다 하여 '벽문어碧紋魚'라 소개됐고, 『동국여지승람』에는 그 모습이 칼을 닮았다 하여 '고도어古刀魚'라고 쓰여 있다. 작은 고등어를 소고라 부르는 방언을 제외하고는 대부분 고등어古登魚라는 표준명으로 통용되고 있는데(새끼 고등어는 고도리라고 부른다), '등이 둥글게 부풀어 오른 물고기'라는 의미의 어원을 가지고 있다.

고등어속에는 배 옆구리에 반점이 있는 고등어(학명 *Scomber japonicus*)와 반점이 없는 망치고등어(학명 *Scomber australasicus*), 두 종류가 있다. 이 둘은 제1등지느러미의 살 수와 피부의 무늬 차이로 구분된다. 고등어의 제1등지느러미는 가시 살(극조棘條)이 9~10개이지만, 망치고등어는 11~12개이다. 고등어는 배 쪽이 은백색으로 반점이 없는데, 망치고등어는 옆구리 아래쪽에 작은 흑색 반점이 있으며 고등어보다 좀 더 따뜻한 해역에 산다.

일본에서는 고등어를 마사바ᐟ마サᐟᐟ, 眞鯖 또는 혼사바ホ마サᐟ, 本鯖라고 하며, 영어권에선 처브 매커럴chub mackerel이라고 한다. 중국에선 푸른 고기라 하여 칭화위靑花魚 또는 등에 있는 반점이 노인의 반점을 닮았다 하여 타이위鮐魚라고 부른다. 망치고등어는 작은 점이 참깨와 유사해서 일본에선 참깨 고등어라는 뜻의 고마사바ᐟᐟマサᐟ로 부르고, 영어로는 점이 있어서 스팟 매커럴spotted mackerel이라 하여 생김새에 따라 이름을 붙이는 게 통상이다.

주변에서 '누구는 사바사바를 잘해서 잘됐다'라는 이야기를 들어본 적 있을 것이다. '사바사바'란 '뒷거래를 통하여 떳떳하지 못하게 은밀히 일을 조작하는 짓을 속되게 이르는 말'이라고 국어사전에 적혀 있는데, 그 말이 생긴 유래가 흥미롭다. 어느 한 일본인이 나무통에 고등어 두 마리를 담아서 관청에 일을 부탁하러 가는데, 도중에 어떤 사람이 그게 뭐냐고 물었더니 '사바' 가지고 관청에 간다고만 대답했다고 한다. 이것이 와전되어 '사바사바하다'라는 표현으로 우리에게 전해져서 지금과 같이 쓰이게 된 것이다.

고등엇과 어류에는 고등어속 이외에도 삼치속과 가다랑어속, 다랑어속 어류가 있으니, 일본의 생선회 문화와 함께 급속도로 확산되고 있는 참치가 바로 고등어와 같은 과에 속한다.

그렇지만 고등어나 참치의 중간을 닮은 물고기로 겨울철 제주도에서 선상 릴낚시로 많이 잡는 방어는 비슷한 모양의 부시리, 잿방어와 함께 고등엇과가 아닌 전갱잇과에 속한다. 이들은 모두 몸통 옆에 눈을 가로지르는 노란색 넓은 띠 줄이 있는 방추형으로 생김새가 비슷하나, 방어와 부시리는 눈의 위치가 위턱과 일직선상에 있는 것과 달리 잿방어는 눈이 위턱보다 등 쪽 위에 위치한다. 또, 잿방어가 방어와 부시리에 비해 체고가 약간 높은 것으로도 구별할 수 있다. 그러나 부시리와 방어는 구별하기가 쉽지 않은데, 위턱 뒤쪽 모서리가 각을 이루면 방어, 둥글면 부시리이다. 냉동 참치밖에 먹을 수 없는 우리나라에서 겨울철 제주에서 회로 맛볼 수 있는 부시리(히라스)는 참치 대용 이상이라고 할 수 있다.

천지신명에게
바쳐지던 귀하신 몸

명태

어렸을 때 어머니께서 생태찌개를 끓이면 아버지께 내장을 따로 덜어주셨다. 그땐 몰랐던 어머니의 속마음을 커서 내장을 먹어보고는 알게 되었다. 그게 그렇게 맛있다니. 명태는 근육에 지방이 적어, 찌개를 끓이면 비린내도 나지 않고 시원하여 인기가 있다.

한편, 만취해 들어와 횡설수설하다 잠든 아버지를 위해 아침에 방망이로 북어를 두들겨 패던 어머니의 모습도 기억난다. 명태를 얼리지 않고 말리거나, 너무 빨리 말리면 물이 빠지며 근육 사이가 오그라들어 돌처럼 딱딱한 북어가 되는데, 이 북어로 해장국을 끓이려면 방망이로 두들겨 살을 부드럽게 만들어야 한다.

명태포는 제사상에 빠져서는 안 되는 음식이다. 예로부터 많이 먹어왔다거나, 연중 먹을 수 있다는 보편성 때문만은 아니다. 신명께 바치는 희생음식은 어느 한 군데 버려서는 안 된다는 것이 동서고금의 불문율이요, 이 조건에 가장 잘 부합되는 것이 명태이기 때문이다.

명태는 무엇 하나 버리지 않고 다 먹을 수 있다. 살은 국이나 찌개를 끓이고, 내장은 창난젓, 알은 명란젓, 아가미는 귀세미젓을 담가 먹으며, 눈알은 구워 술안주로 한다. 여름에 입맛 없을 때는 찬밥을 물에 말아 고추에 젓갈을 올려 한입 넘기면 그 맛이 일품이다. 살은 육질이 담백하여 맛살이나 어묵의 재료로도 쓰인다. 아이들에게 인기 있는 어느 회사의 '게맛살'이 게살이 아니라 명태 살이라는 사실은 이제 누구나 알고 있는, 비밀 아닌 비밀이다.

친숙한 만큼 이름도 많은 물고기

명태는 우리 생활 곳곳에서 만날 수 있다. 굿판과 제사상에 오르는 것은 물론이고, 복을 기원하며 대문 문설주 위에 매달기도 하고, 차를 사면 사고 나시 밀라고 보닛 안에 넣어둔다. 노랫말에서도 찾아볼 수 있다. 매혹적인 저음의 성악가 바리톤 오현명이 시인 양명문의 시를 노래로 부른 〈명태〉가 있고, 가수 강산에 역시 특유의 자기 풍으로 〈명태〉를 노래했다. 특히 강산에는 노랫말에 내가 할 얘기를 다 해놨다. 그 가사 중에 명태 이름의 유래가 "조선시대 함경도 명천지방에 사는 태씨 성의 어부가 처음 잡아 해서리"라고 언급되어 있는데, 이는 조선 말기의 기록에 잘 나와 있는 내용이다.

> 조선 시대에 초도순시 차 명천군을 방문한 함경도 관찰사가 밥상에 오른 물고기를 맛있게 먹고 그 이름을 물었다. 이름이 없다고 하자 명천군의 '명明' 자와 물고기를 잡아 온 어부의 성 '태太' 자를 따서 '명태'라고 이름 지었다.
>
> _『임하필기林下筆記』, 이유원

명태만큼 한 종이 여러 이름을 가지고 있는 물고기도 드물 것이다. 일단 생태生太는 얼리지 않은 싱싱한 생물로 생태찌개의 재료가 된다. 얼린 명태는 동태凍太, 말린 명태는 북어北魚이다. 북쪽에서 잡히는 물고

이름도 쓰임새도 많은 명태

기라서 붙은 이름으로, 다르게는 건태乾太라고도 불린다.

마른 명태이기는 하나 건조 방법이 조금은 독특한 황태黃太가 있는데, 그 제조 방법은 우리 민족이 세계적으로 자랑할 수 있을 정도로 과학적이다. 한겨울에 대관령 등 고지대 산간에 있는 명태 건조장인 '덕장'에서 얼렸다 녹이기를 수차례 반복하는 것이다. 그러면 밤에는 냉기로 살 속의 수분이 얼어 근육 간격이 넓어졌다가, 낮에는 햇볕에 마르면서 얼음이 증발하여 빈자리가 생겨 육질이 스펀지처럼 부들부들해지고 누르스름해진다. 이렇게 만들어진 황태는 마치 말린 더덕 같다 하

명태의 현장 조사 연구 중인 필자

여 '더덕북'이라고도 부른다.

또, 내장과 아가미를 빼낸 명태 너덧 마리를 한 코에 꿰어 살을 꾸덕꾸덕하게 말린 코다리, 덕장의 날씨가 따뜻하여 물러진 찐태, 하얗게 마른 백태, 딱딱하게 마른 깡태, 손상된 파태, 검게 마른 먹태, 대가리를 떼고 말린 무두태, 잘 잡히지 않아 값이 금값이 되었다고 해서 붙은 금태 등 이름이 헤아릴 수 없이 많다.

잡힌 지역이나 시기에 따라서도 별칭이 있다. 강원도 연안에서 잡힌 강태江太, 강원도 고성군 간성 연안에서 잡힌 간태桿太, 함경남도 연안에서 잡힌 작은 놈은 왜태倭太, 함경남도에서 봄철의 어기 막바지에 잡

힌 막물태, 정월에 잡힌 놈은 일태一太(2월에 잡힌 놈은 이태, 3월은 삼태, 사태, 오태…), 동지 전후로 잡힌 놈은 동지받이, 그리고 함경도에서 은어라고도 부르는 도루묵 떼가 회유할 때 잡아먹으려고 뒤따라오다가 잡힌 명태는 은어받이라 부른다. 잡는 방법에 따라서도 그물로 잡은 것은 망태網太, 낚시로 잡은 것은 조태釣太라 한다.

호프집에서 술안주로 자주 등장하는 '노가리'는 1년 정도 자란 작은 명태로 애기태, 애태라고도 불린다. 노가리는 농담弄談의 '농' 자에 우리말의 접미사 '가리'가 붙은 것이다. '노가리를 푼다'라는 말은 악의 없는 농지거리를 할 때 쓰는데, 호프집에서 노가리 씹으며 노가리 푼다는 말장난과 참 절묘하게 맞아떨어진다.

그러나 노가리가 어려서 맛은 있을지 몰라도, 명태 자원이 감소하여 인공종묘 생산을 위해 알을 받아낼 어미조차 확보하기 어려운 요즘에는 잡아서는 아니 될 일이다. 근래 동해의 명태 자원량이 감소하여 멀리 북태평양에서 잡아 냉동한 외국산 명태가 시장 유통량의 대부분을 차지하는 안타까운 실정이기 때문이다. 수산자원 회복의 측면에서 볼 때, 아직 미성숙한 노가리가 성숙 체장까지 자라서 2세를 생산하게끔 해줘야 한다.

때론 자기 새끼까지 잡아먹는 탐식성 어류

명태(학명 *Theragra chalcogramma*, 영명 Walleye pollock)는 대구목目 대구과科에 속하며 2~10℃의 찬물을 좋아하는 냉수성 물고기로, 북미 서해안에서 베링해, 오호츠크해, 일본 홋카이도 및 우리나라 동해끼지 분포하는 북태평양의 주요 어류이다. 동해는 북태평양에서 명태가 서식하는 한계선으로, 우리나라 남해와 서해에는 명태가 살지 않는다. 분포 중심인 베링해의 명태는 크기는 크지만 맛이 떨어지는 반면, 분포 가장자리인 동해 명태는 작아도 맛이 좋다.

우리나라 명태는 동해 중부 이북의 200미터보다 깊은 바다에 산다. 갑각류, 오징어 새끼, 작은 어류들을 주로 잡아먹는데 때론 자기 새끼들까지 잡아먹는 탐식성貪食性 어류이다. 동해에서 주 산란장은 원산만 근해이며, 겨울에 강원도 연안을 따라 내려오는 북한 한류가 강할 때 강원도 북부 연안에 명태 어장이 형성된다. 그래서 겨울에 수온이 높아 북한 한류가 약하면 명태가 잘 잡히지 않는다.

명태는 한겨울 춥고 깊은 바다에 산란한다. 암컷이 알을 낳으면 그 위에 수컷이 정자를 뿌려 수정시킨다. 수심 300미터 부근에서 수정된 알은, 거기서 수심 100미터 지점까지 포물선 모양으로 이동하다가 10여일이 지나면 부화한다. 어미 명태 한 마리가 25만~40만 개의 알을 낳으니, 명란젓 한 숟갈이면 수만 마리의 명태를 먹는 셈이다. 부화한 명

태는 자라면서 점점 깊은 곳으로 이동하는데, 생활사에 따라 수심을 달리하며 사는 생태적 특성이 있다.

남획과 기후 온난화가 주범?

명태는 단일 어종으로 세계에서 어획량이 가장 많은 어류이다. 1980년대 중반 전 세계 어획량이 600만 톤을 넘었다. 그러나 근래에는 300만 톤 수준에 머물러 있다.

우리나라에서는 동해에서 생산량이 가장 많았는데, 1970년대 중반에 5만 톤 정도 잡히다가 1980년대 초반에는 15만 톤까지 늘어 최고를 기록했다. 그러던 것이 1990년대에 1만여 톤으로 급감하였고, 2000년대에는 1,000톤을 넘지 못하다가 급기야 2008년에는 공식적으로 어획량이 '0'으로 보고되었다. 오죽하면 내가 다녔던 연구소에서 인공종묘를 생산해서라도 명태 자원을 회복시켜보려고 하였는데, 알을 받아낼 어미 명태를 확보하지 못해 마리당 시가의 10배를 내걸고 '현상수배'를 한 적도 있다. 2009년 이후에도 생산량은 1톤 정도로 여전히 극히 저조하였으며, 2018년에 9톤의 생산량을 보여 자원이 회복되는 것이 아닌가 하는 기대감을 가지게 한다.

우리나라 연안에서 명태가 줄어드는 요인으로는 무분별한 남획과 기후 온난화에 따른 전 지구적 생태계 변동을 꼽을 수 있지만, 어떤 것이 주요 원인인지는 아직 밝혀내지 못한 실정이다.

시장에 유통되는 명태는 대부분 북태평양의 러시아 수역에서 입어료를 주고 조업하는 국적선 및 러시아와 합작하여 조업하는 합작선에서 잡은 깃이다. 이러한 형편이라 러시아 수역 명태 어장의 상황에 따라 우리나라 명태 가격이 달라지는데, 어황이 부진했던 2008년과 2009년에는 국내 소비량을 따라가지 못해 명태 가격이 폭등하였다. 다행히 2010년에는 12만 톤 이상을 수급하여 명태 가격이 마리당 3,000원대를 유지할 수 있었다. 그러나 2011년 3월 11일 일본 동북부 대지진으로 인한 후쿠시마 원전 사태 이후, 방사성 물질에 의한 수산물의 안전성 논란이 일어나면서 원양산 수산물 소비가 위축되어 반대로 가격이 떨어지는 현상이 발생하였다. 이와 같이 우리나라 연근해 명태 자원이 감소하여 수입에 의존하게 되면 수산시장의 안정성 역시 흔들리는 결과를 초래한다. 수산자원 회복이 절실한 이유이다.

강대국 횡포로 원양 조업마저 끊겨

명태는 우리나라 원양어업사에서도 중요한 자리를 차지한다. 원양어업 총규모의 3분의 1을 차지하던 주요 어종이었던 만큼 원양 명태 어

업은 우리나라 원양어업 역사의 생생한 기록이라 할 수 있다. 특히 베링해와 캄차카 근해에서 트롤[4] 어구로 잡는 북양北洋명태는 1966년부터 시작된 원양어업의 가장 중요한 어종이었다. 1970년대 중반에는 30만 톤 이상이 어획되어 우리 국민의 단백질 공급원 역할을 하였다.

그러나 1977년 3월, 미국과 러시아가 200해리 배타적경제수역을 하면서, 우리나라 어민들은 캄차카 어장에서 철수해야만 했고, 철수한 어선들은 미국 수역에서 할당량을 받아 쿼터 조업을 하게 되었다. 1982년 유엔해양법이 채택된 이후로는 경제수역 내의 조업 어장도 축소되었고, 1988년에는 이곳에서도 완전 철수하게 되었다. 다만 명태의 주 어장인 베링해에서는 인접 연안국인 미국과 러시아가 200해리 경제수역을 정하고 가운데에 도넛 모양으로 남은 공해인 '도넛 홀doughnut hall'에서 조업을 할 수 있었다.

그러나 이마저 오래가지 못했다. 명태 등 회유성 어류가 자국 경제수역 내에서 자라 공해상으로 이동하므로, 공해상에서 어미를 잡게 되면 자기네 수산자원이 보호되지 않는다는 이유를 들어 미국과 러시아가 1993년부터 조업을 중단시켰기 때문이다. 힘 있는 국가의 횡포로밖에는 볼 수 없었다. 경제수역 내 수산물을 포함한 자원은 해안선으로부터 200해리까지는 인접국이 권한을 갖지만, 200해리 밖은 어느 국가

---

4 바다 저층을 끌고 다니면서 깊은 바닷속의 물고기를 잡는 그물이다.

알래스카 더치하버

든지 국제법만 준수하면 자유롭게 조업을 할 수 있는 공해이기 때문이다. 공해상의 수산자원 관리를 위한 국제기구를 설립하여 강대국의 공해상 어업 금지 조처에 대응할 필요가 있다.

한편 러시아 오호츠크 공해상에서는 1992년에 20만 톤 이상을 어획하였으나, 이곳 역시 회유성 어류를 보호하기 위해 1994년부터 어획이 중단되었다. 홋카이도 근해에서는 1976년부터 5만~10만 톤의 꾸준한 어획고를 올렸으나, 1999년 1월 한·일 어업협정의 발효에 따라 현재 조업이 중단된 상태이다.

vol.1

70쪽 | 값 48,000원

천체투영기로 별하늘을 즐기세요!
이정모 서울시립과학관장의
'손으로 배우는 과학'

make it! **신형 핀홀식 플라네타리움**

vol.2

86쪽 | 값 38,000원

나만의 카메라로 촬영해보세요!
사진작가 권혁재의
포토에세이 사진인류

make it! **35mm 이안리플렉스 카메라**

vol.3

Vol.03-A 라즈베리파이 포함 | 66쪽 | 값 118,000원
Vol.03-B 라즈베리파이 미포함 | 66쪽 | 값 48,000원
(라즈베리파이를 이미 가지고 계신 분만 구매)

라즈베리파이로 만드는
음성인식 스피커

make it! **내맘대로 AI스피커**

vol.4

74쪽 | 값 65,000원

바람의 힘으로 걷는 인공 생명체
키네틱 아티스트
테오 얀센의 작품세계

make it! **테오 얀센의 미니비스트**

vol.5

74쪽 | 값 188,000원

사람의 운전을 따라 배운다!
AI의 학습을 눈으로 확인하는
딥러닝 자율주행자동차

make it! **AI자율주행자동차**

자원량 부족해 조업 재개는 요원한 일

베링해 명태 자원의 급격한 감소로 인해 1993년부터 베링 공해 명태 트롤어업의 자율적 조업 중단 조치가 실시된 이후, 1996년 11월 러시아 모스크바에서는 중부 베링해 명태 자원 보존 및 관리 협약 당사국 회의 과학기술위원회가 열렸다. 이 위원회에서는 베링해 명태 자원이 회복되지 않고 있음을 확인하고 알래스카의 알류산 해분海盆[5]의 명태 자원량이 167만 톤 이상이 될 때 조업을 재개하기로 결정했다. 이후 매년 베링해 명태 산란 시기인 3월에 명태 자원 조사를 실시하여 그 결과에 따라 조업 재개 여부를 결정하고 있다.

나도 2007년 3월에 베링해 보고슬로프 해역에서 미국 해양대기국 소속의 알래스카수산연구소 시험 조사선 밀러 프리먼호에 승선하여 한·미·중 3개국 공동으로 수행하는 명태 자원 조사에 참여한 적이 있다. 한국에서 앵커리지를 거쳐 더치하버에 도착한 뒤 1주일간 베링해 보고슬로프 해역에서 추위와 거친 파도 속에서 조사를 하였는데, 정말 몸도 마음도 죽을 만큼 고생한 기억밖에 없다. 그러나 조사 결과는 역시, 명태 자원량이 조업 재개 수준에 못 미치는 것으로 나왔다. 현재까지 원양어선의 베링 공해 명태 트롤 조업은 잠정적으로 중단되어 있는

---

5 해저 3,000~6,000미터의 깊이에서 오목하게 들어간 분지.

실정이다.

명태는 냉동 명태, 냉동 연육, 냉동 필레fillet 등으로 국내 수요량이 연간 50만~60만 톤에 달하는 것으로 추정된다. 그러나 동해에서는 더 이상 어획되지 않고 원양어선의 어획량도 2만~4만 톤 정도에 불과해 매년 수십만 톤을 수입하지 않으면 안 되는 실정이나. 이미 수입이 자유화되어 명태 생산의 70퍼센트 이상을 차지하는 미국과 러시아로부터 수입이 급증할 것으로 예상된다. 따라서 앞으로 국내에서 필요한 명태의 원활한 공급을 위해서는 북태평양 명태의 해양생물학적 연구와 자원 조사, 그리고 외교적으로 다각적인 노력이 요구된다. 점점 더 과학이 국익과 직·간접적으로 연결될 수밖에 없는 현실이다.

서해로 이민 간 명태 사촌, 대구

명태와 더불어 우리나라 대구과 어류를 대표하는 또 다른 물고기는 대구大口이다. 대구(학명 *Gadus macrocephalus*, 영명 Cod)는 등지느러미 3개, 뒷지느러미 2개로 명태와 매우 닮았는데, 입 주위에 양반님네들처럼 수염이 나 있고 위턱이 아래턱보다 긴 것으로 구별할 수 있다.

우리나라에서는 대구가 명태와 함께 동해에 사는 것으로 알려져 있지만 좀 더 따뜻한 진해만, 여수 등지의 남해안에서도 살고 있다. 최근에

카메라에 포착된 대구 ⓒ최종인

는 서해 태안반도 부근 해역에서도 대구가 많이 잡히고 있어 이에 대한 체계적인 생태학적 연구가 필요한 상황이다. 먼저 동해, 남해, 서해 각각의 대구의 자원 평가와 관리를 위해서 이들이 동일한 계군系群인지 아닌지를 밝히는 게 우선일 것이다. 동해에 살던 대구가 어떤 이유로 서해로 이동해서 황해 저층 냉수에 고립되어 살고 있는 것이 아닌가 하는 상상을 머릿속으로 그려본 적이 있는데, 최근 유전자 분석 등 몇몇 연구 결과에서 동해와 서해에 사는 대구의 계군이 다르다고 밝혀졌다.

본래 대구는 냉수성 어종으로 동해에 서식하며 남해 연안이 남방 한계선이라고 볼 수 있다. 그런데 지질시대 언젠가 남해와 서해를 왕래하는 해류를 타고 서해로 넘어간 대구가 되돌아올 수 없는 상황이 되었다. 이

민을 간 셈이다. 서해 중앙부의 깊은 바다에는 차가운 물이 모여 있는 황해저층냉수黃海底層冷水가 연중 존재하는데, 이들 이민 1세대 대구들이 그 수괴를 만나 정착하게 되었다는 시나리오이다. 동해산 대구의 성숙 체장이 58센티미터로 38센티미터인 서해산보다 큰 것을 보면 같은 대구 종이 세월이 지나면서 다른 계군으로 나뉘었을 가능성이 높다.

대구는 동해의 영일만과 남해 진해만, 서해 남부 외해 쪽에서 12월부터 다음 해 4월까지 겨울철에 산란하는 것으로 알려져 있는데, 아직 확실히 밝혀지지는 않았다. 수명은 6세 이상으로 우리나라에서 비교적 장수 어종에 속한다. 최대 크기가 1미터가 넘는 대형 어종이라 가격 또한 만만치 않다.

가격이 높은 데에는 어획량이 적은 것도 한몫하고 있다. 1970~1980년대에 기선저인망어업으로 많이 잡았던 대구는 1990년대에 그 양이 급감하였다가 2000년대 들어 유자망[6]어업에서 어획량이 증가하는 추세를 보이고 있다. 이 변화가 어획 방법 때문인지 자연현상 때문인지는 구체적으로 밝혀지지 않았으나 어찌 됐건 반가운 일이 아닐 수 없다.

대구는 빨간 매운탕보다는 고춧가루를 넣지 않고 맑게 끓인 싱건탕(지리)으로 먹는데, 그 맛이 시원한지라 고급 해장국으로 술꾼들의 인기를 독차지하고 있다. 부산 해운대 해변 끝에 있는 '속풀이대구탕집'은 아

---

6 해류와 함께 떠다니는 그물로, 물고기가 그물코에 걸리거나 그물에 감싸이게 한다.

직도 그 맛을 유지하고 있는 식당 중의 하나이다. 해운대역 앞이 개발되면서 지금은 없어진 '대구뽈찜집'도 생각난다. 25년 전 부산에 있는 연구소에서 근무할 때 갓 결혼한 아내와 자주 찾곤 했었다. 대구는 대가리가 다른 어종보다 커서 볼에 살이 많다. 볼살은 근육이 발달하여 쫄깃쫄깃한 데다 아귀찜처럼 고춧가루를 잔뜩 버무린 대구뽈찜은 값싸고 맛 또한 일품이었던 것으로 기억한다. 과거 어획량이 많았을 때 부잣집 제상에는 명태포 대신 대구포가 올랐다는데, 대구가 그 명성을 다시금 누리게 되길 기대한다.

사덕을
갖춘 선비의 몸가짐

조기

동해에서 명태, 남해에서 멸치가 유명하다면 서해에서는 조기가 으뜸이다. 조기는 특유의 맛을 지니고 있어 예로부터 고급 생선으로 대접받아왔다. 보통 조기라고 하면 참조기를 가리키는데, 배 쪽 빛깔이 황금색을 띠고 있어 다른 조기류와 구별이 된다. 영광 굴비라고 하면 다들 알 것이다. 그 굴비를 만드는 조기가 참조기이다.

조기라는 이름은 한자로는 물고기 중 으뜸가는 물고기라는 종어宗魚에서 유래되었다고 한다. 종어라는 이름이 급하게 발음되어 조기로 변했다는 것이다. 조기라 부르게 된 뒤에는 사람의 기를 돕는 생선이라는 뜻으로 조기助氣라고도 하였다. 이렇게 조기는 생선 중의 으뜸으로 쳐 제사상에 오를 자격을 얻었는데, 조상을 대신해서 후손들에게 사덕四德을 일깨워주려는 의도가 있었다 한다. 조기의 사덕이란, 이동할 때를 정확히 아는 예禮, 소금에 절여져도 굽히지 않는 의義, 염치 있고 부끄러움을 아는 염廉, 더러운 곳에는 가지 않는 치恥가 그것이다.

조기의 옛 이름 중에 천지어天知魚라는 이름도 있다. 어장에 천둥번개가 치면 올라오고, 또 천둥번개가 칠 때를 맞춰 빠져나갔다고 하여 하늘의 이치를 아는 고기로 여겼다. 이렇듯 천시天時를 알고, 뿌리와 근본을 아는 물고기이니 옛 선조들이 귀히 여겼다는 사실에도 절로 고개가 끄떡여진다.

머리 속에 '짱돌'을 품은 물고기

조기는 머리에 돌이 있다 하여 석수어石首魚라고 불리기도 하였다. 실제로 조기 머리를 발라 먹다 보면 하얀 돌멩이를 발견하게 되는데, 혹 먹다가 잘못해서 이가 부러진 것이 아닌가 싶게 생겼디. 사람의 속귀에 몸의 방향과 평형을 유지시켜주는 세반고리관이 있듯이 물고기는 이 뼈가 그와 같은 구실을 한다. 귀에 있는 돌이라 하여 귓돌, 혹은 이석耳石이라 하며 대부분 평평하게 생겨서 평형석이라고도 부른다. 이 석을 자르거나 갈아서 단면을 보면 나무 나이테와 같이 원형의 나이테가 있어 물고기의 나이를 추정할 수 있다. 그런데 조기의 이석은 울퉁불퉁 입체적인 모양을 하고 있어 정말 '짱돌' 같다. 이와 같이 성장축이 일정하지 않은 탓에 2차원 단면을 보기가 어려워서 참조기 나이를 세는 실험을 할 때 무척 애를 먹었던 기억이 난다.

조기 떼의 울음소리는 구혼 신호

어민들은 참조기 떼가 올라오는 시기를 예견하는 놀라운 삶의 지혜를 체득하고 있다. 전라도 칠산 앞바다에서는 해마다 늙은 살구나무에 꽃이 피면 참조기가 연안에 찾아오는 것을 경험적으로 알았다고 한다.

참조기의 이석 ⓒ박지영

또, 영광 법성포 건너편 구수산에 진달래가 피기 시작하면 칠산 바다
에 조기 떼가 왔다는 신호로 알고 고기잡이를 시작했다고도 한다. 식
물학자가 아닌 내가 두 꽃의 개화 시기가 같은지는 알 수 없으나, 자연
과 생활이 조화된 우리네 전통적인 삶의 모습을 엿볼 수 있는 대목이
다. 실제로 조기는 제주도 남서쪽의 동중국해에서 겨울을 지내고 북상
하기 시작하여 제주도와 추자도를 거쳐 3~4월께 전라도 칠산 앞바다,
그리고 한 달 뒤인 4~5월에는 서해 중북부에 있는 옹진군 연평도에 이
르러 산란하는 것으로 알려져 있다.

칠산 앞바다는 어디인가? 전남 영광군 백수면 앞바다에는 7개의 크고
작은 섬들이 모여 있어 이곳을 칠뫼라고 부르며, 여기서 시작하여 법
성포 앞바다를 거쳐 전라북도 고창군 곰소만, 부안군 위도, 군산시 새

만금 남측 방조제 앞에 있는 비안도에 이르는 해역을 '칠산 바다'라 부른다. 아마도 칠뫼에서 비롯된 이름이라 짐작된다. 부안군 위도에 있는 파장금항에는 과거 조기 파시[7]가 있어, 1960~1970년대까지만 해도 조기 떼가 몰려올 때면 포구에 배를 댈 수 없을 정도로 전국의 조기잡이 배들이 몰려들어 흥청망청하였단다.

위도는 『홍길동전洪吉童傳』에 나오는 율도국의 모델이 된 전설의 섬이자 1993년 10월 10일 서해페리호 침몰, 2003년에는 방폐장 반대 시위가 벌어지는 등 시련이 많았던 곳이다. 이제 이곳에 수산자원을 조성하고 생태 관광을 발굴하여 다시금 파시가 형성되고 율도국과 같은 이상향으로 거듭나길 희망한다.

이젠 옛이야기가 되어버렸지만, 조기의 산란 시기가 되면 칠산 앞바다에서는 조기 떼 우는 소리에 밤잠을 설쳤다고 한다. 참조기 같은 민어과 어류를 잡아보면 입 밖으로 풍선껌을 하나 불어 물고 있는데, 이는 저층에 살던 물고기가 갑작스럽게 수면 위로 끌어올려지면서 수압 차이로 인해 부레가 삐져나온 것이다. 조기 떼가 우는 소리는 바로 이 부레에서 나는 소리이다. 참조기는 평소에는 바다 바닥 가까이에 살지만, 산란할 때가 되면 수면 가까이로 떠올라 떼를 지어 다니며 부레를 폈다 오므렸다 하며 소리를 내는 습성이 있다. 산란장에 들어올 때 울

---

7 고기가 한창 잡힐 때에 바다 위에서 열리는 생선 시장.

고, 산란할 때 울고, 산란을 마치고 나갈 때도 운다. 조기의 울음소리는 수컷과 암컷이 산란장에 들어가고 나올 때 서로 자신들의 위치를 알리는 일종의 구혼 신호일 것이다. 옛날에는 조기 떼를 찾기 위해 구멍 뚫린 대롱을 바닷물 속에 넣은 뒤 반대쪽을 귀에 대고 조기 우는 소리를 들어 조기 어군의 규모를 탐지하였다고 한다.

영광 굴비가 '밥도둑'이 된 이유

산란 직전에 잡힌 조기는 알이 꽉 차 있고 살이 올라 배에 황금빛이 난다. 특히 곡우절(양력 4월 20일께)에 잡힌 조기는 '오사리 조기' 또는 '곡우살 조기'라 하고, 이것으로 만든 굴비를 '오사리 굴비'라 부른다. 어찌나 맛이 있는지 '밥도둑'이라는 별명까지 붙을 정도로 맛과 품질이 뛰어나 궁중에 진상했다고 한다. 일반 백성들은 비싼 조기를 맛보기가 쉽지 않았으리라. 그러고 보면 굴비를 천장에 매달았다는 '자린고비'의 이름도 소금에 아주 짜게 절인 '절인굴비'에서 나온 것은 아닐까?
칠산 바다 조기가 맛있는 이유는 갯벌이 드넓게 발달한 덕에 영양염이 풍부하여 먹이생물이 많고, 수심이 얕아서 조기의 산란장으로 적합하기 때문이다. 어패류는 산란 직전이 가장 맛있는데, 산란을 대비하여 영양소를 축적한 결과이다. 막상 산란이 시작되면 영양 성분이 난소나

칠산 조기가 들어오는 법성포구

정소로 옮아가기 때문에 지질 함량이 줄어들고 몸이 여위게 된다. 칠산 바다에서 잡히지 않고 살아남은 조기는 연평도 앞바다까지 북상하는데, 여기서 잡힌 놈들은 산란 후의 늘그막한 조기라 빛깔도 다르고 맛도 다르다고 영광 사람들은 말한다.

지금은 조기가 연평도로 북상하기도 전에 다 잡아버려 이 말을 확인할 길이 없으니 안타깝기 그지없다. 참조기는 지금도 영광의 대표적인 특산물로 자리 잡고 있으며 그 맛은 물고기 중에서 제일로 꼽을 정도이다. 마르지 않은 상태는 조기, 염장하여 말리면 굴비라고 하는데, 영광 조기보다 영광 굴비로 더 잘 알려진 데는 그만한 이유가 있다.

'영광'은 계속된다

고려 인종 때 이자겸은 세도정치를 하며 무소불위의 권력을 휘두르다 왕이 되려는 야심을 품고 난을 일으켰고, 결국은 실패해 정주(지금의 영광)로 쫓겨나서 귀양살이를 하게 되었다. 당시 정주에서는 조기가 많이 잡혀 소금에 간한 뒤 말려서 보관해두었다가 먹기도 했는데, 말린 조기를 맛보고 그 맛에 감탄한 이자겸이 임금님께 조기를 진상하였다. 그때 마른 조기에 '굴비屈非'라는 글자를 써붙여 '굽히지 않겠다'라는 자신의 의지를 전했고 여기서 굴비라는 말이 유래되었다고 한다.

원래 영광 굴비라 함은 영광군 칠산 앞바다에서 잡은 산란 전의 참조기를 소금으로 염장하여 말린 것을 가리켰다. 그러나 우리나라 수산자원이 전반적으로 고갈되고 칠산 앞바다의 참조기 어획량 또한 급격히 줄어들어 몸값이 치솟으면서 수입한 중국산 조기나 원양산 조기를 영광에서 가공하여 영광 굴비란 이름으로 파는 경우도 있었다.

늘 그렇지만 돈이 되는 곳에는 변칙이 난무하는 법. 심지어 여기저기서 소위 '짝퉁' 영광 굴비가 쏟아져 나와 유통 질서가 엉망이 되었다. 이쯤 되니 이런 제품을 과연 영광 굴비라 할 수 있을지 논란이 일었고, 영광 굴비에 대한 불신이 팽배하였다. 그러나 이제는 영광군 내에서 어업인 스스로 자정 노력을 하고 영광 굴비를 다른 굴비와 구별할 수 있도록 자구책을 마련하여 '굴비의 영광'을 유지하고 있다. 오늘날도 여전히 영광 굴비가 인기를 누리는 것은 영광군 법성포가 굴비를 건조하기 적합한 자연조건을 갖추고 있고 그 지역 주민에게 면면히 전해져 내려오는 특유의 가공 비법이 있기 때문이다.

법성포의 갯바람은 낮에는 습도가 낮고 밤에는 습도가 높아서 한낮에는 건조되지만 밤에는 물고기 내부의 수분이 급격히 마르지 않게 된다고 한다. 해풍, 습도, 일조량 등이 적절한 셈이다. 또, 잡아 온 참조기를 1년 이상 간수가 빠진 천일염으로 적당한 농도의 소금물을 만들어 수차례 염장하고 6개월 이상 숙성시키는 등 시간과 정성을 들여 조기에서 굴비로 탈바꿈시킨다. 이를 통해 영광 굴비는 단지 영광에서 나는 굴비라기보다는 우리나라에서 최고로 맛있는 굴비라는 보편적인 뜻을 얻게 되었다.

문화가 으레 그러하듯, 음식도 시대에 맞게 진화한다. 예전에 군산에 갔을 때 한 일식집에서, 어느 어업인이 제안해서 만들었다는 독특한 음식을 맛볼 기회가 있었다. 정갈한 일식 안주로 술 한잔을 하였는데, 마지막에 나온 마무리 식사가 의외로 완전히 우리식 음식인 메뉴인 게 아닌가. 얼음을 둥둥 띄운 녹찻물에 찬밥 한 술이 말아져 나왔는데, 함께 딸려 나온 것이 바로 굴비였다. 꾸덕꾸덕 마른 굴비를 방망이로 두드려 부드럽게 한 뒤 뼈를 다 발라내고 찢어서 내왔다. 물에 만 밥을 한 숟가락 떠서 그 위에 굴비 한 점을 얹어 오물오물 씹으니, 옛날에 어머니가 한여름 점심상에 올려주셨던 바로 그 맛이었다. 술기운에 열이

올랐던 몸과 마음은 찬 녹찻물에 만 찬밥, 그리고 그 위에 얹은 굴비 한 점에 금세 '쿨'해졌다.

참조기의 친척 구별법

참조기(학명 *Larimichthys polyactis*, 영명 Small yellow croaker)를 비롯한 민어과 어류는 서로 비슷하기 때문에 구분하기가 쉽지 않다. 명색이 물고기 박사 남편을 둔 내 아내도 동네 시장에서 수조기를 참조기로 속아 산 적이 있을 정도이다.

수조기(학명 *Nibea albiflora*, 영명 White flower croaker)는 몸 옆줄 아래 검은 점이 사선의 줄무늬를 띠고, 옆줄 위쪽의 점들은 불규칙하게 흩어져 있으며, 턱 아래에 5개의 구멍이 있어 구별이 쉽다. 백조기라 불리며 시중에 싸게 많이 유통되는 보구치(학명 *Pennahia argentata*, 영명 Silver croaker)는 몸 빛깔이 은백색을 띠고 아가미뚜껑 위쪽에 검은 반점이 있으며, 턱 아래에 6개(좌우 3쌍)의 구멍이 나 있다. 한때 참조기로 둔갑해 팔리던 부세(학명 *Larimichthys crocea*, 영명 Croceine croaker)는 지금은 잘 잡히지 않아 오히려 참조기보다 값을 더 쳐주는 귀하신 몸이 되었다. 음지가 양지되고 양지가 음지되는 세상 이치의 한 본보기이다.

사실 참조기와 부세는 모두 몸의 배 쪽 빛깔이 황금색이고 가슴지느러

위에서 부터 참조기, 수조기, 보구치 ⓒ김병직, 최윤

미가 노란색을 띠어 언뜻 보아서는 구별하기가 어렵다. 그러나 자세히
보면 참조기는 등지느러미가 시작하는 부위에서 옆줄까지의 비늘 수
가 5~6개인 데 반해 부세는 8~9개이며, 뒷지느러미의 연조 수도 참조
기는 9~10개이고 부세는 7~9개이다. 특히 참조기는 머리 부분에 다이

위에서 부터 민어, 부세, 황강달이, 눈강달이 ⓒ김병직, 최윤

아몬드 무늬가 발달하였으며, 옆줄 아래의 각 비늘에 황록색의 알갱이

같은 무늬가 있는 것이 특징이다.

같은 민어과 어류로 크기가 작아 젓갈로 만드는 강달이 종류의 물고기

가 있다. 그중 눈강달이(학명 *Collichthys niveatus*)는 머리 위에 초승달 모

양의 두 갈래 돌기가 있고, 아가미뚜껑에 검은 반점이 있으며, 뒷지느러미 시작 부분에 낚싯바늘 모양의 구부러진 가시가 튀어나와 있다. 그런가 하면 황강달이(학명 *Collichthys lucidus*)는 머리 윗부분에 돌기가 4개로 갈라져 있어 왕관 모양이며, 아가미뚜껑에 검은 반점이 없고, 뒷지느러미 세1가시가 곧은 것이 특징이다. 시중에서 이들을 합쳐 '황세기' 젓갈을 만드는데, 엄밀하게 말하면 황세기는 황강달이의 옛날 한자식 표현인 황석어黃石魚의 변형된 이름일 것이다.

참조기와 함께 비싼 값에 팔리는 민어는 사람들이 보통 크기로 구별을 하여 큰 것을 민어라고 하는데, 크기는 성장하면서 변하는 것이라 어릴 때는 구별의 기준이 될 수 없다. 민어(학명 *Miichthys miiuy*, 영명 Brown croaker)는 참조기, 부세와 달리 몸 빛깔이 전체적으로 어두운 흑갈색을 띠지만 배 쪽은 회백색이고 지느러미의 가장자리는 검은색을 보인다.

참조기는 봄철이 제철이고 구이로 많이 먹는 데 반해, 같은 민어과의 민어는 여름에 먹을 수 있는 거의 유일한 횟감이다. 이 민어회 한 점을 먹으려고 벼르고 별렀던 목포 출장의 기회가 있었다. 업무를 서둘러 마치고, 해조류 관련 연구소에 근무하는 하동수 박사 손에 이끌려 찾아간 곳은 영란횟집이었는데, 뒤로는 유달산을 두르고 앞으로는 삼학도를 바라보는 명당에 위치한 민어횟집은 손님들로 북적거렸다. 주문이랄 것도 없이 자리에 앉으면 자동으로 나오는 유일한 요리는 민어회. 소위 '쓰기다시'라고 부르는 곁들이조차 없이 회 한 접시와 찍어 먹

을 양념장 한 종지뿐이었다. 가격과 달리 썰렁한 상차림이 놀라웠다. 민어회 한 점을 장에 찍어 입에 넣으니 맹맹하다. 그런데 반전의 차례가 기다리고 있었다. 씹을수록 맛이 우러나는 것이 담백하고 깔끔하다. 여름철에 어울리는 시원한 이 맛에 여름에 먹나 보다.

절도 있는
은빛 칼날의 아름다움

갈치

갈치(학명 *Trichiurus lepturus*)는 몸이 아주 길고 납작한 칼 같은 모양
이다. 그래서 '칼을 닮은 물고기'라는 이름이 붙었는데, 우리말 고어
에는 '칼'을 '갈'이라 불렀다고 하니 그 어원을 짐작할 만하다. 영어
로도 긴 칼집 또는 흰 단검처럼 생겼다 하여 스캐버드 피시Scabbard
fish 또는 커틀러스 피시Cutlassfish라고 부르며, 꼬리가 머리카락처
럼 가늘고 길다 하여 헤어테일Hairtail이라고도 부른다. 일본 이름은
다치우오タチウオ, 太刀魚이고, 중국에서는 하얀 띠라는 뜻의 다이유帶
魚라고 부르는 등 모두 칼이나 띠처럼 생긴 물고기로 표현하고 있다.
우리나라에는 갈치에 분장어, 붕동갈치, 동동갈치를 더한 4종이 서식
한다.

이름이 비슷한 산갈치는 갈칫과가 아니라 산갈칫과로, 이름만 갈치
이지 분류학상으로는 가깝지 않다. 산갈치는 주로 대양의 심해에 사
는 대형 희소종이라 출현만으로도 화제가 되며, 그 때문에 동서양을
막론하고 여러 가지 전설이 있다. 한 전설에 의하면 산갈치는 한 달
중 보름은 산에서 살고 나머지 보름은 바다에 살면서 산과 바다를
날아다닌다고 한다. 또, 과거에는 한센병에 효험이 있다고 하여 비
싼 값에 거래되었다. 그러나 실제로 산갈치는 날 수 있는 기관이 없
을 뿐 아니라 물 없이 살 수도 없다. 더욱이 산갈치를 먹고 병이 치
유되었다는 보고도 없으니 독자들은 속지 마시라.

꼿꼿이 서서 멸치 사냥

2006년 여수에 있는 남해수산연구소에 근무할 때이다. KBS 창원방송 총국에서 남해의 대표 어종인 멸치의 다큐멘터리를 만드는 데 참여한 적이 있다. 그 프로그램에서 촬영한 사진 중에 갈치가 멸치를 잡아먹는 장면이 있었는데, 표층에 떠다니는 멸치 떼 아래에 갈치가 '칼' 같이 서서 낚아채듯 잡아먹는 것을 보고 참으로 신기했다. 물론 갈치가 늘 이런 자세로 사냥하는 건 아니니 귀한 장면을 목격한 셈이다. 일반적인 물고기와 달리 갈치가 옆으로 헤엄치지 않고 꼿꼿이 서 있는 습성을 묘사하여 일본에서는 '서 있는 물고기'라는 의미로 다츠오^{ㅍっ}魚라고도 부른다. 어쨌든 눈앞에 펼쳐진 장면에서 은백색의 반짝거리는 칼이 치렁치렁 걸려 있는 것이 섬뜩하기까지 하였다.

갈치는 최대 15세까지 살며 그 길이가 2미터를 넘기도 한다고 알려져 있으나, 우리나라에서 볼 수 있는 갈치는 보통 1미터 정도까지 성장하며 수컷은 4세, 암컷은 6세까지 사는 것으로 보고되었다. 갈치는 동중국해와 우리나라 전 해역, 특히 서·남해에 주로 분포한다. 비교적 심해성 어종으로 수심 100미터 정도의 모래와 펄이 섞인 곳에 산다. 6~10월의 산란기(주 산란기는 8월)에는 연안 가까운 얕은 곳으로 이동하여 밤에는 표층까지 떠올라 멸치 등의 작은 물고기를 잡아먹는다. 식욕이 왕성하여 멸치, 비늘치, 오징어, 새우 등 닥치는 대로 마구 잡아먹으며 심지

갈치는 몸도 날렵하지만 이빨도 날카롭다

어 같은 갈치끼리도 잡아먹는 습성이 있어 갈치를 잘라 다른 갈치를 잡는 낚시 미끼로 쓰기도 한다. 갈치는 이빨이 매우 강하다. 2010년 배타적경제수역 승선 자원 조사를 나갔을 때 잡은 전장 133센티미터의 갈치는 금방이라도 손가락을 자를 듯한 기세로 이빨을 드러내고 있었다. 내게는 갈치와 관련된 오래된, 대학 시절의 기억이 있다. 전공이 해양학이라 고학년이 되면 '선상 실습'이라고 해서 배를 타고 조사하는 실습을 하도록 되어 있었다. 낮에 항해를 하고 밤에는 바다에 닻을 내리고 머물렀는데, 특별히 배에서 할 일이 없었다. 그러던 중에 누군가가 뱃전에서 낚싯줄을 드리웠다. 이때다 싶게 모두들 몰려나와 뱃전에 기대서서 갈치를 미끼로 갈치 낚시를 시작하였다. 바다 한가운데서 한밤중에 낚여 올라오는 갈치의 꼬리를 물고 또 다른 갈치가 달려 올라왔다. 한 번에 두 마리가 잡힌 것이다. 뱃전에 내동댕이쳐진 은백의 갈치는 어둠 속 달빛 아래에서 등지느러미를 파르르 떨며 몸부림쳤다. 마치 밸리댄스를 추는 듯하던 그때의 모습은 지금도 잊을 수가 없다.

은색 가루는 복통 일으킬 수 있어

갓 잡은 갈치를 만지면 비늘 대신 은색 가루가 손에 묻어난다. 이것은 구아닌이라는 유기 염기로, 갈치를 날로 먹을 때 이를 깨끗이 벗겨내지 않으면 복통과 두드러기가 날 수 있다. 그런데 반짝이는 이 은색 가루가 인조 진주의 광택을 내거나 립스틱을 만드는 원료로 쓰이기도 한다니, 세상에 존재하는 모든 것에는 좋고 나쁨이 공존하는 것 같다. 구아닌은 보통 칼로 긁어내지만, 시골에서는 호박잎으로 문질러 벗기기도 한다. 일반적으로 갈치 요리는 토막을 내어 약간의 소금에 절였다가 기름에 튀겨내는 것이 제일이며, 무를 넣고 적당히 양념을 해 조리는 것이 두 번째이다. 그러나 아마 그보다 으뜸은 갈치회일 것이다. 요즘은 바다에서 잡은 생선을 신선하게 유통하는 기술이 발달하여 서울에서도 갈치를 회로 먹을 수 있는 곳이 더러 있다. 하지만 신선도가 떨어지면 갈치에서 묻어나는 구아닌 성분이 공기 중 산소에 의해 산화되어 쉽게

승선 자원 조사에서 만난 갈치

변질되고 비린내가 나기 때문에 현지가 아니고서는 신선한 회를 먹을
기회가 많지 않다.

여름밤, 약간은 쌀쌀한 제주도 해안가를 걷다 보면 밤바다 수평선 너
머에서 야간 야구 경기가 벌어지는 듯한 광경을 볼 수 있는데, 바로 갈
치를 낚는 어선의 불빛이다. 이렇게 밤새 낚은 갈치가 다음날 아침에
수산시장으로 들어오면 그 신선함이 유지된 채로 회를 먹을 수 있다.
갈치는 육식성 어류라 그런지 육질이 쫀득한 것이 형용할 수 없는 고
유의 맛이 있다. 담담한 흰색의 담백함이라고 할까.

추운 겨울을 견뎌 성장하는
과묵한 수행자

조피볼락

오랫동안 우럭은 표준말로 '조피볼락'이라고 정정되어왔다. 개인적으로 언어의 사회성 측면에서 볼 때 표준말과 더불어 많이 알려진 이름도 함께 쓰여야 하지 않을까 생각해왔는데, 최근 공식적으로 두 이름을 혼용해서 쓰도록 했다는 소식에 반가운 마음이 들었다.

우럭이라는 이름은 조선의 실학자 서유구가 『전어지佃漁志』에서 '울억어鬱抑魚'라 한 데에서 유래한 듯한데, '막힐 울' 자에 '누를 억' 자를 쓴 것에서 억눌리고 꽉 막힌 분위기를 느낄 수 있다. 누가 입을 꾹 다물고 말하지 않는 답답한 상황일 때 '고집쟁이 우럭 입 다물 듯'이란 속담을 쓴다. 이는 잘 낚이던 우럭이 조류나 주변 환경 변화에 예민하게 반응하여 갑자기 입질을 하지 않는 데서 생긴 말이라고 한다.

정약전 선생은 『자산어보』에 조피볼락을 '검어', '검처귀'로 소개하면서 "언제나 돌 틈에 노닐면서 멀리 헤엄쳐 나가지 않는다"라고 묘사했다. 실제로 조피볼락은 어두운 곳을 좋아해 바위 밑이나 돌 주위에 주로 서식하며 몸 색깔은 대체로 회갈색이 많으나 서식 환경에 따라 다양하다. 조피볼락의 조피粗皮라는 말 역시 환경에 따라 변하는 조악한 피부에서 나온 말인 듯싶다. 선인들은 사물 이름만 들어도 단번에 특징을 알아챌 수 있게 지었으니, 근거주의에 입각한 과학적 방식에 감탄이 나온다.

추운 겨울에 왕성하게 성장

조피볼락을 포함한 볼락류는 분류학상 쏨뱅이목 양볼락과에 속하며 우리나라에 43종, 세계적으로는 400종이 넘는 것으로 보고되었다. '볼락'은 특정한 물고기 한 종의 이름이기 때문에 양볼락과에 속한 유사한 물고기들을 함께 지칭할 때는 끝에 '~류'를 붙인다. 그래서 '볼락류'라 하면 ○○감펭, ○○볼락, ○○쏨뱅이, 쑤기미 등이 다 포함된다.

우리가 볼락류와 비슷한 종류로 알고 있는 노래미류는 쥐노래밋과에 속하고, 삼세기는 삼세깃과에 속하여 분류학상으로 양볼락과인 볼락류와는 다르다. 그러나 더 넓은 범위에서 보면 성대류, 양태류, 횟대류, 꺽정이류, 꼼치류와 같이 억센 가시를 가지거나 '어글리'하게 생긴 놈들과 함께 모두 쏨뱅이목으로 분류되고 보기에도 비슷하다.

한데 어민들이 '범치'라 부르며 '가시에 한번 쏘이면 애미 애비도 못 알아본다'라고 하는 쑤기미와, 와전되어 '삼식이'라는 우스꽝스러운 이름으로, 혹은 몸에 얼룩무늬가 있어 '예비군'이라고 불리는 삼세기는 그 생김새가 형제처럼 비슷하지만 분류 계통상으로는 양볼락과와 삼세깃과로 결코 가깝지 않다. 다만 못생겨도 맛은 좋다는 속설만큼은 둘 모두에게 맞는 이야기이다.

조피볼락(학명 *Sebastes schlegelii*, 영명 Korean rockfish)은 우리나라 전 연안의 수심이 얕은 암초 사이에 주로 살아 암초 지대의 터줏대감으로 불

볼락과 함께 못생긴 생선의 대명사로 불리는 삼세기(위)와 쑤기미(아래) ⓒ김병직

리는 대중적인 낚시 대상종이다. 대부분의 볼락류가 다 그렇지만, 조
피볼락은 몸에 비해 머리가 크고 큰 눈을 가지고 있으며 아래턱이 위
턱보다 상당히 튀어나온 주걱턱 모양을 하고 있다. 등지느러미에는 강
한 가시가 뻗쳐 있어 기운차 보인다.

조피볼락은 1980년대에 이미 일본에서 양식 어종으로 개발되었는데,
겨울철 수온이 낮은 서해에서도 월동이 가능하다 하여 1980년대 후반
에 종묘 생산에 성공한 뒤로 대표적인 서해안 양식 어종으로 각광받고

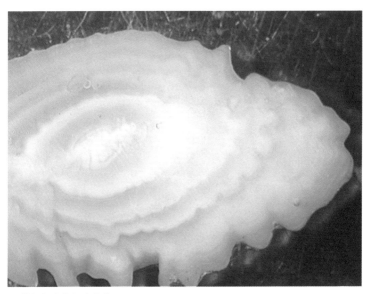
조피볼락 이석의 나이테

있다. 그러나 양식이 본격화되었음에도 조피볼락의 생태에 대한 연구가 없던 터에 내가 1995년 전라북도 부안군 위도에서 조피볼락의 성장에 관해 조사했다. 그 결과 조피볼락은 대부분의 온대성 어류와 달리 겨울에 빠르게 성장하다가 6~7월 수온이 높아지면서 먹이를 잘 먹지 않고 성장이 느려진다는 사실을 밝혀, 조피볼락이 추운 겨울철 월동기에 성장한다는 것을 뒷받침할 수 있게 되었다.

5월이면 새끼 산출이 끝나고 여름이 되면서 성장도 느려지는 것을 봐서는 수온이 조피볼락의 생체리듬을 좌우하는 것으로 생각된다. 이석을 보면 나이테가 잘 구별되어 1년에 17센티미터 정도 커 초기성장이 매우 빠름을 알 수 있으며, 수명은 6년 이상으로 최대 45센티미터 이상까지 자란다는 사실도 밝혀졌다. 반면에 서해보다 겨울 수온이 더 높은 남해에서는 조피볼락의 성장이 서해보다 느려 조피볼락이 차가운 물을 좋아하는 냉수성 어종임을 입증하였다.

선상의 '구침지회'

요즘은 빌딩숲 도심의 횟집에서도 돈만 주면 언제든 생선회를 먹을 수 있지만, 그 전의 과정에는 보이지 않는 많은 노력이 담겨 있다. 가까이는 횟집 주방장의 칼 잡은 손이 첫째일 것이고, 격랑의 바다에서 고기를 잡거나 양식장에서 노심초사하며 생물을 키우는 어업인들이 둘째요, 수산자원을 합리적으로 이용하기 위해 조사하고 연구하는 연구자와 수산 행정가들의 숨은 노력이 셋째가 될 것이다.

수산자원 전문가인 내가 태안에 조성된 시범 바다목장 해역에서 조피볼락과 쥐노래미의 자원 평가를 위해 조사를 하던 때의 일이다. 수산자원을 관리하기 위해서는 궁극적으로 어디에 어떤 물고기가 얼마나 있느냐를 아는 것이 근간이다. '열 길 물속은 알아도 한 길 사람 속은 모른다'라고 하지만, 물속 사정을 아는 것도 그리 녹록한 일은 아니다.

그래서 바닷속에 있는 물고기 자원량을 추정하는 데는 여러 가지 복잡한 방법이 동원되는데, 그중에 '표지 및 재포 조사'라는 게 있다. 아마 중고등학교 다닐 때 수학책에 나오는 통계를 공부하면서 이런 문제를 푼 적이 있을 것이다. 흰 구슬과 검은 구슬이 들어 있는 주머니에서 구슬을 계속 꺼내면서 주머니 속에 남은 구슬의 개수를 알아맞히는 문제 말이다. 표지 및 재포 조사 역시 이와 비슷하다. 바닷속 물고기를 잡아 표지를 붙여 놓아준 뒤 일정 시간이 지나면 다시 채집하여 표지가 붙은 물고기가 얼마나 잡히나 세어 전체 개체수를 어림하는 방법이다. 나를 포함한 대부분의 사람들이 수학이라면 머리를 절레절레 흔들 것이기에 더 복잡한 이야기를 하지 않겠다. 다만 당시 이 조사를 하던 중에 신기한 것을 보았다.

표식을 달기 위해 통발이라는 어구를 이용해 조피볼락을 살아 있는 채로 잡아 올려 뱃전의 물통에 넣었더니, 복어처럼 배가 부풀어 하늘을 향해 뒤집혀 있는 게 아닌가. 저층에 사는 조피볼락이 표층으로 올라오면서 수압의 차이로 인해 배 속에 공기가 들어간 것이었다. 그런 상태에서 표지를 붙여 놓아줘봤자 물속으로 들어가지 못하고 갈매기 밥이 될 것이 뻔한 일이라 당황스러웠다.

그때 우리 일을 도와주던 갈매기호 선장이 주삿바늘 하나를 가져왔다. 그러더니 조피볼락 가슴지느러미를 젖히고 침을 놓듯 바늘을 꽂았다. 축구공에서 바람 빠지듯 피시식, 침을 맞은 조피볼락은 언제 그랬냐는

듯이 생생하게 헤엄치며 돌아다녔다. 소설 『동의보감』에 나오는 유의태의 '구침지회九鍼之會(닭에게 9개 침을 놓았는데도 멀쩡히 돌아다닐 정도로 높은 침술의 경지를 이르는 말)'를 보는 듯하였다. 단단한 땅에 익숙한 인간이 흔들리는 배 위에서 일하는 것은 결코 즐거운 경험이 아니다. 그런 중에도 남들이 할 수 없는 이런 경험을 한번 할 때면 현장에서 힘들었던 기억은 저 멀리 사라진다. 그래서 우리 연구자들은 또 바다로 나간다.

자연산은 회갈색, 양식은 흑갈색

조피볼락은 국내 가두리양식 어류 중 가장 생산량이 많아 비교적 저렴한 편이지만, 양식산을 자연산으로 속여 비싸게 파는 일이 종종 있다. 그러나 조금만 신경 쓰면 구별하기가 어렵지 않다. 자연산은 회갈색을 띠는 반면 양식산은 짙은 흑갈색을 띠고 있기 때문이다.

조피볼락은 회로서 식감이 좋다. 생태학적인 뒷받침을 하자면 냉수성이라 찬물에 살아 육질이 단단하고 쫄깃하기 때문일 것이다. 최고의 식감을 느끼고 싶다면 아가미뚜껑에 붙어 있는 볼살을 맛보시라. 운동량이 많은 부위 아닌가. 회를 치고 남은 뼈를 넣어 만든 매운탕은 시원하기가 오히려 메인 요리가 될 정도이다.

조피볼락과 함께 서해에 주로 사는 황해볼락(학명 *Sebastes koreanus*)도

조피볼락 ⓒ최임호

있다. 서해에서 그물을 가지고 자원 조사를 해보면 볼락류 중 조피볼락을 제외하고는 황해볼락이 제일 많이 그물에 걸린다. 보통 이놈을 볼락이라고 부르는데, 상대적으로 크기가 작아 조피볼락 새끼로 오인할 수도 있으나 색깔이 아주 다르다. 조피볼락의 몸은 회갈색 바탕에 검은 점이 흩어져 있으나, 황해볼락은 연한 갈색 바탕에 등 쪽에 어두운 반점이 있는 것으로 구분할 수 있다. 황해볼락은 연안의 암초 지대에 조피볼락과 함께 살지만 먹이는 달라서 거미불가사리나 따개비류를 주로 먹고 산다.

한편 남해 연안에 주로 사는 볼락류로는 불볼락(학명 *Sebastes thompsoni*, 영명 Goldeye rockfish)이 있다. 몸은 담황색 바탕에 5개의 불규칙한 암갈색의 가로무늬가 있으며, 가슴지느러미가 붉은 것이 특징이다. 황해볼락과 구별하는 것은 걱정할 필요가 없다. 두 종은 사는 곳이 달라 함께 잡힐 일이 없으니까.

적볼락·흑볼락·금볼락, 색깔은 달라도 모두 볼락

남해에서 불볼락과 함께 바다낚시꾼들의 사랑을 받고 있는 볼락(학명 *Sebastes inermis*, 영명 Dark-banded rockfish)은 수심 20~30미터 연안 쪽 암초에 10~20마리씩 무리를 지어 찰싹 달라붙어서 사는데, 언제나 머리를 위로 하여 쳐다보고 있는 특이한 습성이 있다. 이는 천적이 나타났을 때 빨리 도망치고 먹잇감이 지나갈 때 쉽게 공격하기 위해서이다. 낚시하는 사람들의 말을 빌리면, 볼락은 한 번 정한 서식처를 좀처럼 바꾸지 않아서 해마다 같은 곳을 찾아 낚싯대를 드리우면 재미를 볼 수 있다고 한다. 또, 무리 중 한 마리가 망을 보고 있다가 먹잇감이나 적이 나타나면 즉시 동료들에게 알려주기 때문에 한 마리를 낚으면 같은 장소에서 계속해서 수십 마리를 낚을 수 있다고 한다. 그러나 눈이 크면 겁이 많다는 말이 바로 볼락을 두고 하는 말일 정도로 소심하여, 이상한 소리나 진동 같은 위험한 징후가 있으면 일제히 암초 사이로 도망쳐 숨어버려 더 이상 낚을 수 없단다.

낚는 장소에 따라 색깔이 달라 태공들은 흑볼락, 적볼락, 금볼락 등으로 구별하기도 하나 실제로는 어느 것이나 똑같이 볼락 한 종이다. 서식 장소에 따라 몸 색깔이 변한 것으로 보통은 회갈색이다. 살은 백색으로 회, 매운탕, 구이 등으로 많이 먹는데 특히 볼락 소금구이는 별미여서 알 만한 사람들은 즐겨 먹는다.

볼락은 알을 낳는 다른 대부분의 물고기와 달리 11월~12월에 체내 수정하여 1~2월에 4~5밀리미터 크기의 새끼를 물속에 낳는다. 그렇다고 포유류처럼 새끼를 낳는 것은 아니다. 대부분의 경골어류는 암수가 몸 밖으로 알과 정자를 내놓고 물속에서 수정을 한 뒤 새끼가 부화되기 전까지 알 속의 난황에서 영양을 공급받는 난생[8]이다. 그러나 볼락류는 체내수정으로 수정란을 만들고 체내에서 난황으로부터 영양을 공급받아 어린 새끼를 낳는 난태생이다. 상어나 가오리 등의 연골어류 역시 난태생이다.

놀래미가 아니라 '쥐노래미'

볼락과 마찬가지로 쏨뱅이목에 속한 쥐노래미(학명 *Hexagrammos otakii*,

8　새끼가 알에서 깨어나는 방식으로, 어류의 번식 방법 중 대부분을 차지한다.

쥐노래미(위)와 줄노래미(아래) ⓒ김대권, 김지현

영명 Fat greenling)는 부산을 비롯한 경남 지방의 횟집에서는 흔히 '게르치'로, 서해안 횟집에서는 흔히 '놀래미'로 불린다. 외모는 노래미와 매우 닮았지만, 몸의 옆구리에 있는 감각기관인 측선(옆줄) 수가 노래미는 1개, 쥐노래미는 5개인 점이 다르다.

포항과 부산을 비롯한 남동해에서는 쥐노래미와 아주 비슷한 놈으로 줄노래미가 있다. 둘 다 옆줄이 5개라 이것으로도 구분할 수가 없다. 사는 환경에 따라 색도 다양하기에 색깔로도 구별하기 어렵다. 그렇지만 형태적 차이가 하나 있다. 쥐노래미는 꼬리지느러미가 직선으로 끊겨 있거나 안쪽으로 약간 패여 있는 것과 달리, 줄노래미는 꼬리지느러미가 바깥쪽으로 둥글게 나 있다. 이 정도면 친구들과 횟집에 앉아 쥐노래미 한 접시 올려놓고 잘난 척 좀 할 수 있으리라.

노래미류는 우리나라 전 연안의 바위와 해조류가 많은 곳에 세력권을 형성하고 서식한다. 활동은 활발하지 않고 배 부분을 바위나 돌에 접촉하여 생활하는 연안 정착성 어종으로 분류되어 있다. 그러나 최근 바다목장 사업의 일환으로 쥐노래미 재포 조사를 하였을 때 새로운 사실을 알게 되었다. 조피볼락은 표지를 붙여 놓아준 곳에서 다시 잡혔지만, 쥐노래미는 방류해준 곳이 아닌 다른 곳에서 잡혀 계절이나 산란 등의 생활사에 따라 일정 거리를 이동한다는 점이었다.

산란기인 11~12월이 되면 쥐노래미 수컷은 몸이 짙은 노란색의 혼인색을 띠면서 암컷을 유혹하여 한 쌍의 부부가 된다. 산란장은 수심 20~30미터의 투명하고 해류가 잘 소통되는 암초 지대나 자갈 지대로, 해조류 줄기에 알을 덩어리로 붙여놓는다. 최소 성숙 나이는 수컷은 1년, 암컷은 2년생으로 수컷이 1년 빠르며, 최소 성숙체장은 20센티미

터 정도라고 한다. 낚시를 즐기는 사람이라면 이보다 크기가 작은 놈은 바다로 되돌려 보내는 것이 자원 보호에 도움이 될 뿐만 아니라 지속적으로 낚시를 즐길 수 있는 바른 태도일 것이다.

다른 많은 어류가 산란 후 알을 보호하지 않는 데 비해 쥐노래미는 부성애가 무척 강해 새끼가 부화할 때까지 수컷이 주위를 맴돌면서 지킨다. 자기 알에는 애정을 쏟으며 보호하지만 다른 쥐노래미가 낳은 알 덩어리는 습격해서 먹어치우는 좀 이기적인 습성도 있다.

쥐노래미의 살은 명태, 넙치 등과 같이 백색이지만 다른 백색육 어류보다 지방이 많아, 신선도가 좋은 활어를 회로 먹으면 담백한 맛과 함께 감칠맛이 나며 특히 여름에 맛이 좋다. 이 외에 미역과 함께 국을 끓여 먹거나 소금을 쳐서 구워 먹어도 맛있다. 노래미류는 양식을 하지 않기에 모두 자연산으로 인식되어 그런지, 현지에서도 양식산이 많은 조피볼락과 다르게 쥐노래미는 소위 '시가'로 비싸게 거래되고 있다.

망둥이가 동경하는
높이뛰기 선수

숭어

우리나라에 서식하는 숭어에는 '개숭어'라 홀대받는 숭어(학명 *Mugil cephalus*)와, '참숭어'라 불리며 회로 이용되는 가숭어(학명 *Liza haematocheila*), 그리고 흔하지는 않지만 등줄숭어(학명 *Liza affinis*)가 있다. 숭어는 전 연안에, 가숭어는 제주도를 제외한 주로 갯벌에, 등줄숭어는 제주도를 제외한 남해안에 사는데, 그 생김새와 생태적 특성이 조금씩 다르고 즐겨 먹을 수 있는 시기도 다르다.

숭어는 몸이 가늘고 긴 측편형이며 머리는 다소 납작하다. 몸 빛깔은 등 쪽이 회청색에 배 쪽은 은백색이고, 가슴지느러미 시작 부위에 청색 반점이 있다. 각 비늘의 가운데에 흑색 반점이 있어 몇 개의 세로줄이 있는 것처럼 보인다. 눈에는 지방질로 된 기름눈꺼풀이 발달하여 있고 꼬리지느러미 가운데가 깊게 파여 있어 가숭어보다 깊은 물에서 빠르게 헤엄치기 좋은 구조이다. 숭어는 바다와 강 하구를 왔다 갔다 하는 왕복성 어류로 1년생 이하의 어린 새끼는 강의 민물까지 거슬러 올라가 살다가 크기가 25센티미터 정도로 자라면 바다로 내려가기 시작한다. 바닷물과 민물이 만나 염분이 낮은 하구의 기수역에는 3년생도 들어와 사는데, 4~5년이 지나 크기가 45센티미터 정도로 자라면 바다로 나가 산란을 한다. 산란기는 수온에 따라 해역별로 차이가 있지만 일반적으로 10~2월이다.

이름이 가장 많은 물고기

옛 문헌은 숭어를 숭어崇魚, 수어水魚, 수어首魚 또는 수어秀魚라고 기록했다. 중국에서는 스님이 입는 암회색의 얼룩얼룩한 무늬가 있는 검게 물 들인 옷에서 따온 이름을 따와 치어鯔魚라는 이름으로 부르고, 검은 까마귀 고기를 속칭하는 데서 오어烏魚, 조어鳥魚, 조두어鳥頭魚 등으로도 통한다. 일본에서는 보라ボラ, 鯔라고 하고 영어권에서는 그레이멀렛Gray mullet, 스트라입트 멀릿Striped mullet으로 부른다.

숭어는 우리나라 물고기 중 이름이 제일 많은 어종으로, 평안북도부터 경상남도에 이르기까지 100개가 넘는다. 국립수산과학원의 자료를 보면 평안북도 지방에서는 3월 초 꽃샘추위 때문에 무리에서 떨어져 헤매다가 잡힌 놈을 '굴목숭어', 늙은 숭어를 '나머렉이'라고 부른다. 한강 하류 지역에서는 7월 숭어를 '게걸숭어'라고 한다. 숭어가 산란 직후 펄에서 게걸스럽게 먹는 모습에서 온 것이다.

숭어는 커가면서도 부르는 이름이 달라진다. 그래서 출세하면 이름을 바꾸듯 자라면서 이름이 바뀐다는 뜻에서 '출세어'라고도 한다. 강화도에서는 손가락 크기만 할 때 '모쟁이', 몸길이가 20센티미터 정도 자라면 '접푸리', 성어가 되면 비로소 숭어라 부른다. 전라남도 영산강변에서는 커감에 따라 모쟁이, 모치, 무글모치, 댕기리, 목시락, 숭어로 다르게 부르고, 강진에서는 모치, 동어, 모쟁이, 준거리, 숭어라고 부른

다. 무안 도리포에서는 모치, 홅어빼기, 참동어, 덴가리, 중바리, 무거리, 눈부럽떼기, 숭어로 부르며 자란 정도를 구분 짓는다. 이 중 '눈부럽떼기'는 아직 덜 자란 숭어에게 "너는 숭어도 아니다"라고 하자 눈을 크게 부릅떴다고 해서 나온 말이란다.

2001년부터 2003년까지 매년 2~3월 두 달 동안 실뱀장어 자원량 변화를 조사하기 위해 제주도 서귀포로 출장 가는 호사를 누렸다. 천제연폭포 물줄기를 따라 내려가면 바다와 만나는 곳에 성산포구라는 조그마한 하구가 있는데, 실뱀장어가 먼 남태평양에서부터 긴긴 시간을 흘러와 이제 민물로 올라가려는 참이었다. 야간에 활동하는 실뱀장어의 특성상 나도 밤이 되면 제방에 걸터앉아 한 손에 랜턴을, 다른 손에는 뜰채를 들고 헤엄쳐 오는 실뱀장어를 잡으려고 물 표면을 뚫어지게 쳐다보곤 했다. 그때 물속에서 비단잉어만 한 시커먼 놈이 내 눈앞을 스윽 지나갔다. 깜짝 놀라 쳐다보니 숭어였다. 사람 손을 타지 않았는지 나를 의식하지도 않았다. 몸의 일부에 생채기가 나 있고 행동도 느렸는데, 이제 생각해보니 제주에 사는 놈은 가숭어도 등줄숭어도 아닌 숭어였다.

숭어? 가숭어? 누가 진짜일까

숭어(위)와 가숭어(아래) ⓒ김병직

가숭어는 5~6월 봄에 산란하며 펄이 있는 하구역에 살고 성장이 빠른
것으로 알려져 있다. 숭어보다 몸집이 크며 숭어가 눈이 까만 것과 달
리 눈이 노랗다. 갯벌이 발달한 곳에 적응하여 꼬리지느러미 가운데가
깊게 파이지 않았다. 강화의 어민들은 가숭어가 봄철이 되면서 먹이도
먹고 산란도 한다고 한다. 그래서 봄철에는 개흙 냄새가 나서 잘 먹지
않고, 오히려 겨울철에 횟감으로 이용하는데 맛이 일품이란다. 이렇게
갯벌이 발달한 강화도에서는 가숭어를 '참숭어'라 부른다. 갯벌에 적응
한 생태적 특성 때문에 갯벌이 없는 제주도에는 출현하지 않는 것으로
알려져 있다.

숭어는 늦가을과 겨울에 맛이 들기 시작하여 정월과 2월에 제맛이 나며, 이후 수온이 올라갈수록 살에 수분이 많아지고 '쇠금내'라는 갯내까지 나면서 맛이 떨어진다. 그래서 생겨난 말이 '여름 숭어는 개도 안 먹는다'이다. 반면에 '오 농어, 육 숭어, 사철 준치'라며 6월 숭어 맛이 그만이라는 얘기도 있으니, 잡히는 해역과 먹는 사람의 입맛 나름인가 보다고 생각하기 쉽다. 그러나 이는 숭어와 가숭어를 먹는 제철이 다르다는 것을 몰랐던 데서 생긴 혼선인 듯하다. 일반적으로 어류는 산란하기 위해 살이 찐 시기에 맛이 있는데, 숭어는 10~2월에 산란하니 여름~가을철에 맛있고, 가숭어는 보리가 피기 시작하여 이삭이 팰 때까지인 5~6월에 산란하니 겨울철~이른 봄에 맛있다.

'배꼽'의 진실

숭어는 머리가 작고 위아래로 납작하며 허리가 절구통 같아서, 모양새가 보잘것없고 우스꽝스럽기까지 하다. 머리가 납작하고 주둥이가 아래쪽을 향하는 것은 펄 흙에 있는 먹잇감을 주워 먹기 위해서이다. 반면 고등어와 같이 물속을 헤엄쳐 다니는 청어목 어류는 빠르게 유영하면서 입을 벌려 수중에 있는 플랑크톤을 걸러 먹기 쉽도록 입이 앞에 있는 구조이다. 물고기도 어디서 무엇을 먹고 어떻게 사느냐에 따라 사용하는 기관이 발달하고 모양새도 알맞게 변하는 것이다.

생긴 대로 숭어는 갯벌을 좋아한다. 숭어가 사랑을 나누는 잠자리 또한 진흙 속이란다. 암컷은 호의를 가진 수컷에게 입맞춤을 받으면 산란할 장소를 찾아서 청소하고, 수컷이 오기를 기다린다. 암컷, 수컷 모두가 단식을 하면서까지 시간 가는 줄 모르고 사랑의 한때를 보낸다. 진흙 속에 머리를 처박고 꼬리를 격렬하게 흔들면서 사랑 행위를 계속하는 모습은 진지할 정도인데, 좋아하는 수컷이 아니면 받아들이지 않는다고 한다.

물고기는 보통 배꼽이 없다. 포유류가 교미기를 이용하여 체내수정을 하고 태어나기 전까지 어미로부터 직접 영양을 공급받는 것과 달리, 대부분의 경골어류는 부화된 뒤에 난황에서 스스로 영양을 섭취하기 때문에 모체와 연결되는 배꼽이 필요 없는 것이다. 그러나 숭어는 배꼽이 있다. 물론 진짜 배꼽은 아니고, 외견상 주판알만 한 크기로 둥글게 튀어나와 있는 것을 배꼽이라고 말하는 것이다. 이 배꼽은 위에서 소장으로 나가는 출구인 유문이 발달한 것으로, 닭의 모이주머니를 생각하면 된다. 이런 부위가 생겨난 것은 숭어가 곤죽같이 된 진흙을 먹어치우기 때문이다. 숭어는 펄 흙을 먹어 위 속에 저장한 뒤 유기물질이나 미생물 등 영양분을 흡수하고 불필요한 것은 체외로 배출하는데, 이 배출 기관이 바로 배꼽 모양의 유문이다. 또, 이처럼 해저의 유기물이나 해조류를 먹기 때문에 이빨이 퇴화한 대신 먹이를 부수기 위하여 위벽이 단단한 주판알과 같이 되어 있다.

뜰채로 잡고, 산에서 잡고

1597년 9월 16일, 이순신 장군은 시시각각 달라지는 울돌목 물살의 변화를 이용하여 일본 적함을 무찔렀다. 그 명량해전이 벌어졌던 자리에서 숭어 철이 되면 또 다른 '해전'이 벌어진다. 진도대교 밑 울돌목에서 뜰채 하나 달랑 들고 빠른 바다 물살을 거슬러 올라가는 숭어를 낚아채서 잡는 숭어잡이는 그저 신기할 따름이다. 갯바위에 서서 거센 물살을 쳐다보다가 뜰채를 바닷물에 담그는가 싶더니 채가 허공으로 솟구치고, 이내 은빛으로 파닥거리는 숭어가 하늘을 난다. 대처에서 입소문을 듣고 이런 진풍경을 보러 온 관광객들이 환호성을 터뜨린다. 울돌목에서는 매년 4~7월 사이에 이런 광경이 벌어진다. 이 시기에 숭어가 연안으로 몰려오기 때문인데, 숭어의 산란철이 겨울인지라 산란 회유는 아닌 듯싶다. 어떤 이유인지는 앞으로 밝혀볼 일이다.

숭어잡이는 남해안 동쪽에서도 이루어진다. 대부분의 어구가 기계화되고 자본 집약화되어가는 지금 시대에도 시간을 거스르는 어법이 낙동강 하구역 가덕도 앞바다에 남아 있다. '육수장망'이라는 오랜 전통 방식의 숭어잡이가 그것이다. 육수장망은 6척의 배들이 진을 치듯 타원형으로 그물을 물속에 깔아놓고 기다리다가 숭어 떼가 그물 안으로 들어오면 어로장의 신호에 맞추어 순간적으로 일사불란하게 그물을 끌어올려 숭어를 잡는 방법이다. 남해 죽방렴 멸치잡이처럼 물고기가 있는 곳을 찾아가지 않고 오기를 기다려 잡는 생태적 어법이다.

이곳은 다른 지역보다 봄이 빨리 오기 때문에 3월부터 숭어잡이를 시작하여 5월까지 계속하는데, 어둠이 가시지 않은 새벽에 육수장망 숭어잡이가 이루어진다. 운반선에 의지하여 포구를 빠져나온 6척의 엔진 없는 목선들이 어장에 도착하면 일정한 간격으로 연안 쪽으로 넓게 퍼져 진을 친다. 목선을 사용하는 것은 숭어가 기계 소리에 예민하기 때문이다. 짧은 거리에서 기동성 있게 작업해야 하기 때문도 있다. 어

숭어잡이 육수장망 ⓒ부산 강서구청

군을 탐지하는 어로장은 해안선을 끼고 있는 산 위로 올라간다. 이 시기에 해안가로 몰려드는 숭어는 눈에 반투명 기름눈꺼풀을 덮은 채 수면 가까이 떠다닌다. 그래서 숭어 떼가 몰려오면 물빛이 검게 변하게 되는데, 어로장은 그 물빛으로 숭어 떼가 몰려오는 것을 알아채고 수신호로 작업을 지시한다. 밧줄에 힘이 들어가고 숭어와의 한판 승부가 시작되는 순간이다. 숭어는 힘이 세고 순간 이동이 빠르기 때문에 결정적인 순간에 그물질을 하지 못하면 그물 밖으로 뛰쳐나가버리고 만다. 넓게 퍼져 있던 6척의 배들이 그물을 당기면 서로 닿을 정도로 간격이 점점 좁혀진다. 배들이 모이고 마침내 그물이 들어 올려진다. 숭어를 몰아 그물에 가두고 뱃전에 올리기까지 이 모든 일이 눈 깜짝할 사이에 이루어진다. 가덕도의 숭어잡이는 물고기의 생태와 기후, 지형지물을 잘 이용하는 전통적인 어로 방식으로 지금까지 이어지고 있다.

슈베르트의 숭어는 숭어가 아니다

숭어는 쉽게 놀라 수면 위로 뛰어오르는 습성이 있어 강 하구나 연안에서 뛰는 것을 쉽게 볼 수 있다. 도약력이 좋아 높이 뛰어오르는데, 꼬리로 수면을 치면서 거의 수직으로 솟구쳐 오르고 내려올 때는 몸을 한 번 돌려 머리를 아래로 하고 떨어지는 게 마치 높이뛰기 선수를 연상케 한다. 이러한 숭어의 습성에 빗대어, 제 처지는 생각하지 않고 저보다 나은 사람을 하릴없이 흉내내려고 애쓸 때 '숭어가 뛰니까 망둥이도 뛴다'라고 한다.

낚시꾼의 이야기를 그린 슈베르트의 명 가곡 〈Die Forelle〉를 예전에는 '숭어'라고 번역하였으나 사실은 송어[trout]를 잘못 옮긴 것이라는 이야기는 이제 상식이 되었다. 일본 간토 지방에서는 숭어를 먹으면 새색시가 집을 나가게 된다고 해서 금기시하기도 했다. 물고기 하나를 두고 이렇듯 이야깃거리가 많다는 것은 그만큼 숭어가 우리 생활과 가깝다는 점을 시사한다.

숭어는 값이 싸고 맛있어 횟감으로 최고이다. 군산에 있는 수산연구소에 근무할 때, 아직 물고기가 연안으로 들어오지 않는 겨울철에 서울에서 친구들이 찾아오면 딱히 내세울 것이 없었다. 그렇다고 명색이 물고기 박사로 수산연구소에서 일하면서 육고기를 대접하는 것은 체면이 서지 않았다. 그래서 찾은 곳이, 장항으로 넘어가 금강 하구 물가에 있던 '장원수산'이라는 횟집이었다. 그 집 주인은 직접 배를 부려 물고기를 잡는 선장이라 겨울철 숭어를 자연산 그대로 정말 싼값에 제공해주었고, 잘 익은 김장김치에 싸 먹는 회 맛은 신선함 그 자체였다. 덕분에 서울 손님들에게서 점수 좀 땄다. 이쯤 해서 물고기 박사가 아는 체를 좀 해보자면, 펄이 많은 금강 하구에서 겨울철에 먹을 수 있는 놈은 갯벌에 사는 가숭어이다. 이놈들은 4~6월에 알이 슬어 있어 여름철에는 먹지 못한다. 대신 이때에는 이곳에서 칙숭어라고 부르는 놈을 잡아 밥에 올려 초고추장으로 비벼 먹는데, 이놈이 숭어이다.

겨울철에 먹는 숭어는 피로를 회복시켜준다고 한다. 기름진 숭어의 몸에 비타민A가 많이 함유되어 있기 때문이다. 특히 생선의 비타민A는 그대로 몸에 흡수되므로 효율이 좋다. 또, 숭어의 껍질에는 나이아신이라는 물질이 풍부하게 함유되어 있다. 나이아신은 비타민B군의 일종으로 물질대사에 필요한 영양소와 신경전달물질을 생산하며, 부족하면 피부나 위 점막에 염증이 일어나 소화기능에 문제가 생길 수 있다. 따라서 숭어를 섭취하면 만성피로, 피부 미용 및 위장병 등의 치료와 예방에 좋다고 한다. 겨우내 영양 결핍을 보충하기에 맞춤인 제철 수산물이 바로 숭어인 것이다.

숭어는 흔히 먹는 회 외에도 매운탕이나 미역을 함께 넣은 국으로도 먹으며 겨울에 제맛이다. 남북교류가 활발할 때 대동강 숭어국이 유명하다고 언론에 보도된 적이 있는데, 대동강 숭어국은 맛이 각별하고 영양가가 매우 높다고 한다. 개인적으로 대동강가에서 숭어국을 맛볼 수 있는 날이 어서 오길 기대한다. 바다와 강을 힘차게 왕래하는 숭어이니, 장벽을 허물고 소통을 하는 상징적인 물고기로 의미를 부여하기에 충분하지 않은가.

임금님이 드시던 영암 숭어 어란

숭어 어란은 숭어알을 염장, 건조, 압축, 재건조하여 만든 건어물로, 귀하고 고급스러워 궁중에 진상되거나 주로 대가 댁의 술안주로 이용되어왔다. 그런 탓에 일반인에게는 그다지 친숙하지 않은 전통 음식 중 하나이다. 어란 중에서는 영암의 숭어 어란을 으뜸으로 치는데, 기름진 펄과 미생물을 흠뻑 먹으면서 알이 통통하게 들어찬 가숭어가 올라오는 영산강이 인접해 있기 때문이다. 영암 어란은 옛날에 명주 보자기로 싼 뒤 돌상자에 넣어 임금님께 진상했다고 하는 귀한 식품이다.

어란을 만들기 위해서는 먼저 알이 잘 밴 숭어를 골라야 한다. 고른 숭어에서 알집이 터지지 않도록 꼬리 쪽부터 알끈을 잡아 조심스럽게 알을 끄집어낸다. 이렇게 빼낸 어란을 소금물에 대여섯 시간 담가 핏물을 뺀다. 핏물이 제대로 빠지지 않으면 표면에 이물질이 붙어 있는 느낌을 주어서 어란의 가치가 떨어진다. 그 뒤에는 재래간장을 희석한 물에 24시간 정도 담가 빛깔과 맛을 낸다. 이때 알의 크기와 빛깔 내기에 따라 담그는 시간과 간장의 희석 정도가 달라진다고 한다.

염장한 어란은 비스듬히 세운 건조판에 올려놓고 간장기를 뺀 뒤 그 위에 목판을 얹어 묵직하고 넓적한 돌로 10분간씩 눌렀다가 떼며 손질한다. 이 일을 3일 동안 수십여 차례 반복한다고 한다. 이때 돌로 누르는 압력이 너무 세면 어란이 넓게 퍼져버리거나 터져버린다. 반대로 압력이 너무 약하면 뭉툭해져 제 모양이 나지 않는다.

이제 어란을 건조시킬 차례이다. 통풍이 잘되는 그늘에서 말리는데, 하루에 2번씩 뒤집어가며 참기름을 발라준다. 이렇게 하면 기름기가 배어나면서 다갈색으로 윤기가 흐르고 20일 정도가 지나면 딱딱해진다. 마지막으로 굳은 어란을 뜨거운 물에 2분간 담근다. 알집에 붙은 효소로 인해 부패하거나 곰팡이가 스는 것을 막기 위해서이다. 이렇게 어란으로 만들어지기까지는 대략 한 달이 걸린다고 한다.

만들기 까다로운 만큼 먹기도 쉽지 않다. 날이 선 칼을 불에 달구어 그 열에 기름이 약간씩 녹아나도록 하면서 최대한 얇게 썰어야 한다. 그렇게 얇게 썬 어란을 앞니 사이에 끼고 혀와 이로 자근자근 씹으면 입 안 가득 향과 단맛이 도는데, 참기름 냄새가 진동하면서 혀끝으로 구수한 맛이 서서히 퍼져 오는 것이 환상적인 맛이라고 한다.

죽더라도 같이 죽는
참사랑꾼

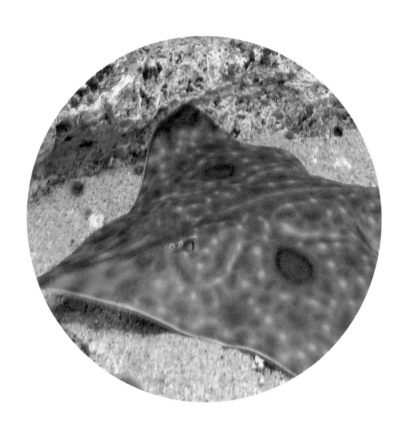

홍어

'홍어' 하면 생각나는 게 바로 홍탁삼합이며, 이는 곧 남도 문화의 정수이다. 먼저 푹 익은 김치를 바닥에 깔고, 그 위에 참홍어를 고춧가루 섞은 소금에 살짝 찍어 올려놓는다. 다시 그 위에 비곗살이 붙은 돼지고기 수육을 얹은 뒤 새우젓과 함께 입을 크게 벌리고 한입 가득 넣는다.

> 한입 씹자마자 그야말로 오래된 뒷간에서 풍겨 올라오는 듯한 가스가 입안에서 폭발할 것처럼 가득 찼다가 코로 역류하여 푹 터져 나온다. 눈물이 찔끔 솟고 숨이 막힐 것 같다. 그러고는 단숨에 막사발에 넘치도록 따른 막걸리를 쭈욱 들이켠다. 잠깐 숨을 돌리고 나면 어쩐지 속이 후련해진다. 참으로 이것은 무어라 형용할 수 없는 혀와 입과 코와 눈과 모든 오감을 일깨워 흔들어버리는 맛의 혁명이다.

소설가 황석영은 『황석영의 맛과 추억』에서 1970년대에 홍어를 처음 먹었을 당시 느낌을 이렇게 묘사했다. 또, 맛칼럼니스트 고형욱은 이렇게 표현하였다.

> 참홍어의 구린 냄새와 듬직한 돼지고기의 맛을 품 안에 감싸는 김치 맛의 포용력은 강한 충돌 끝에 화해를 이룬 아이러니한 음식 맛의 극치 중 하나이다.

남도의 음식인지라 문학적 표현 또한 남도다워 이보다 잘 표현할 수가 없다.

입이 뾰족한 물고기

참홍어(학명 *Raja pulchra*)는 주둥이 쪽이 뾰족한 마름모꼴로 체반[9] 등 쪽에 암갈색의 둥근 반점이 한 쌍 있다. 수컷의 꼬리 등 쪽에 가시가 1줄, 암컷은 3~5줄 연달아 나 있다. 겨울철에는 서남해역에서 월동하다가 봄이 되면 수심 50~100미터 깊이의 서해안으로 이동하여 펄과 자갈이 섞인 사질층에서 산다. 여름철을 제외하고 봄과 늦가을(주 산란기는 4~6월, 11~12월)에 산란한다. 겨울이면 다시 남쪽으로 남하 회유를 하여 계절에 따라 서해 전 해역을 이동한다니 믿기지 않을 것이다. 냉수성 어종으로서 우리나라 서해 중부 먼바다에 형성된 황해 저층 냉수대에 연중 분포하여 계절에 따라 연안과 외해를 이동하기도 한다.

지금까지도 흑산도를 중심으로 참홍어를 전문으로 어획하는 연승어업[10]이 행해지고 현지에서 경매와 판매가 이루어지고 있어, 참홍어는 일반적으로 흑산 홍어로 널리 알려지게 된 것이다. 알려져 있다. 흑산 홍어의 유명세는 과거의 기록에서도 찾을 수 있는데, 그렇다고 참홍어가 흑산도 주변의 아랫녘에서만 어획되는 것은 아니다. 경기 인천 지역의 대청도에서도 참홍어를 잡는 연승어업이 조업을 한다.

---

9 몸통과 머리 부분이 가슴지느러미와 합쳐져서 형성된 넓고 평평한 부위.

10 한 가닥의 기다란 줄에 일정한 간격으로 가짓줄을 달고 가짓줄 끝에 낚시를 단 어구를 사용해 낚시에 걸린 대상물을 낚는 어업.

참홍어(위)와 홍어(가운데) 그리고 노랑가오리(아래) ⓒ김미선, 박은숙, 장광현

반면에 '간재미'로 더 잘 알려져 있는 홍어(학명 *Okamejei kenojei*)는 머리 앞부분의 각도가 약 90도로 상대적으로 덜 뾰족하고 꼬리 등쪽에 수컷은 3줄, 암컷은 5줄의 가시가 나 있다. 배는 희고 등은 갈색으로 많은 회백색 반점이 있어 참홍어와 쉽게 구분할 수 있다.

홍어아 비슷하지만 다른 것이 가오리이다. 가오리류는 주둥이 부분이 돌출되어 있지 않으며, 몸은 오각형이고 꼬리가 채찍 모양으로 길고 중간에 1개의 가시가 있다는 것이 홍어류와 다른 큰 특징이다. 대표적으로 쉽게 볼 수 있는 가오리에는 노랑가오리(학명 *Dasyatis akajei*)가 있다. 배쪽이 노란색이고 체반의 가장자리도 황색을 띄고 있어 붙은 이름이다.

애절한 일부일처주의자

양 날개에는 가느다란 가시가 있는데, 교미할 때 암컷의 몸을 고정시키는 역할을 한다. 암컷이 낚싯바늘을 물면 수컷이 달려들어 교미를 하다가 다 같이 낚싯줄에 끌려 올라오는 예가 있다. 암컷은 먹이 때문에 죽고 수컷은 색을 밝히다 죽는 셈이니, 이는 음淫을 탐하는 자에게 본보기가 될 만하다.

_『자산어보』

정약전 선생은 참홍어를 음란함의 상징으로 보았다. 홍도 아낙들의 노랫가락에 "나온다/ 나온다/ 홍애가 나온다/ 암놈 수놈이/ 불붙어 나온다"라는 구절이 있음도 같은 맥락일 것이다. 그러나 유교에 심취했을 그 당시에 정약전 선생이 참홍어가 삼강오륜을 지키는 일부일처주의자임을 알았더라면 이렇게 묘사하지는 않았을 것이다.

참홍어 암컷은 가을부터 이른 봄까지 4~6개의 알을 낳는다. 상어, 가오리와 함께 홍어류도 난태생이다. 체내수정한 알은 소 여물통을 닮은 직사각형 모양의 특이하고 단단한 난각卵殼에 싸여 해조류에 감겨 붙어 있다가 새끼로 부화한 후 수개월 만에 체폭 5센티미터 크기로 성장한다. 그 뒤 짝을 찾아 서해 바다를 헤집고 다니며, 다 자라면 체반 폭이 1미터 내외로 5~6년의 짧은 생을 마감하는 것으로 알려져 있다. 참홍어의 수명과 생활사에 대한 자세한 내용은 국립수산과학원 서해수산연구소에서 조사 중이다.

철저히 일부일처인 참홍어는 암놈이 크고 맛도 뛰어나다. 따라서 암컷이 수컷보다 가격이 훨씬 비싸다. 수컷의 생식기는 체반 끝 꼬리 시작 부위 양쪽으로 2개가 툭 삐져나와 있고 가시가 붙어 있는데, 옛날 뱃사람들은 이 생식기가 조업에 방해가 될 뿐만 아니라 가시에 손을 다칠 수도 있어 잡자마자 배 위에서 칼로 쳐 없애버렸다. '만만한 게 홍어 거시기'라는 비속어는 바로 이러한 조업 행태에서 비롯되었을 것으로 추정된다. 그러나 개인적으로는 그 말이 참홍어 생식기가 2개라는 사실에서 나온 것이 아닌가 싶다. 그 중요한 물건이 하나도 아니고 둘이라는 것에서 이미 희소성이 없어졌으니 말이다.

삭힌 홍어는 맛과 영양 뛰어난 발효식품

홍어를 먹으면 말 그대로 얼떨떨하다가 정신이 번쩍 난다. 거기에 곁들인 탁주 한 잔의 뜨거운 성질이 참홍어의 찬 성질을 중화하여 독성을 없애니, 술꾼들에게 이 이상의 안주는 없다. 이러한 것을 일컬어 음식의 궁합이라 한다. 한번 맛을 들이면 어떤 음식을 먹어도 만족감이 느껴지지 않을 정도로 강한 맛과 특유의 냄새를 지닌 참홍어. 이 독특한 맛은 남도 사람들이 기억하는 특별한 고향의 맛이기도 하다. 그래서인지 목포를 중심으로 한 전라도 서남해안에선 잔치가 벌어지면 반드시 삭힌 참홍어를 올렸고, 잔치에 이것이 빠지면 아무리 잘 차렸어도 먹을 것 없는 잔치라며 허전해한다.

많은 사람들이 참홍어의 본고장으로 목포를 들고 있으나, 원래 참홍어는 흑산도 부근에서 주로 잡았다. 옛날엔 풍랑이 잦고 배는 변변하지 못해 육지와 왕래가 쉽지 않았으리라. 그래서 이곳에서 잡은 참홍어를 육지로 바로 옮길 수가 없으니 삭히는 방법을 생각해내지 않았을까 추측해본다.

바다에 사는 경골어류는 체내의 염도가 1.5퍼센트로, 3.5퍼센트인 해수에 비해 상대적으로 낮다. 그래서 배추를 소금에 절일 때처럼 어류 속의 염도 낮은 액체가 반투막을 통해 몸 밖을 빠져나와 바닷물 속으로 이동하는 삼투현상이 일어나는데, 이런 탈수를 막기 위해 해수어는 짠물을 많이 마시고 오줌을 조금 싸며 아가미에 있는 염세포를 통해 과잉의 염분을 밖으로 배출하는 삼투조절을 한다. 물론 민물에 사는 담수어는 이와 반대이다.

그러나 참홍어와 같은 연골어류는 삼투조절 방식이 경골어류와 다르게 진화하였다. 특이하게도 참홍어는 혈액 속에 요소와 요소 이전의 물질인 트리메틸아민산이 많이 들어 있어 체내 삼투압이 해수와 거의 같고, 오히려 신장으로부터 요소를 배출하지 않고 재흡수하여 높은 삼투압을 유지한다. 참홍어가 죽으면 몸속의 요소가 암모니아와 트리메틸아민으로 분해되면서 자극적인 냄새가 나는데, 이 두 물질이 코끝을 톡 쏘는 맛의 원인 물질이다. 그러니까 참홍어의 맛은 삼투조절의 결과라 말할 수 있다.

참홍어는 항아리에서 오래 발효시킬수록 쏘는 맛이 강해지고 살이 부드러워진다. 삭히는 기간은 보통 사나흘에서 1주일. 끈적끈적한 액체가 많이 묻어 있을수록 신선한 참홍어를 썼다는 징표이다. 발효된 참홍어를 뜨겁게 찌면 아직 분해되지 않은 요소와 암모니아가 코를 자극한다. 그 지독하고 자극적인 암모니아 냄새의 맛을 식도락가들이 일부러 찾아다니는 것을 보면 나름의 매력이 있음에 틀림없다. 하기야 홍어찜뿐 아니라 모든 발효 음식은 한번 맛을 들이면 도저히 끊지 못하는 특성이 있다. 김치가 그렇고 된장이 그렇다. 치즈와 요구르트도 그렇다. 물론 술도. 요소가 분해되면 암모니아가 된다는 화학반응을 알기 전부터 참홍어를 발효시켜 찜을 해 먹은 우리 조상들의 지혜에 감탄할 따름이다.

홍어 맛을 음미하고자 하는 사람이라면 홍어 한 점을 입에 머금고 지그시 눈을 감아보라. 잘못 삭힌 홍어는 냄새가 입 앞부분에서만 터지고 뒷맛이 오래가지 않지만, 잘 삭힌 홍어는 냄새부터 다르다. 입안에서 한입씩 씹을수록 뒷맛의 아련한 자극이 입 뒷부분에서 터진다. 잘 삭힌 홍어를 씹으며 숨을 깊게 들이마시면 알싸하고 지린 냄새가 목을 거쳐 콧구멍 구석구석에 박혀 있다가 숨을 내쉴 때마다 냄새가 다시 살아나는 느낌이다.

참홍어에서 발생하는 암모니아 냄새는 자체의 요소 성분이 분해되어 나오는 것이지, 부패 과정에서 나온 것이 아니라 먹어도 뒤탈이 나지 않을뿐더러 맛이나 소화, 영양도 발효시켰을 때 더 뛰어난 것으로 알려져 있다. 우리의 전통 식문화가 맛뿐만 아니라 영양학적으로도 우수함을 보여주는 것이다.

관절에 좋고, 피에 좋고, 위에도 좋고

『자산어보』에는 "회, 구이, 국, 포에 모두 적합하다. 나주 가까운 고을에 사는 사람들은 썩힌 홍어를 즐겨 먹는데 지방에 따라 기호가 다르다"라는 기록이 있다. 이는 참홍어가 오래전부터 토속의 맛으로 자리 잡아왔음을 보여주는 것이다.

참홍어는 연골어류인 만큼 뼈가 연해서 경골어류와는 달리 버릴 것이 없다. 이 연골의 주성분은 콘드로이틴으로 뼈마디가 아플 때, 특히 그 마디에서 뚝뚝 소리가 나는 데는 참홍어가 최고이고, 관절염이나 골다 공증, 산후풍 등에도 효과가 있다고 한다. 또, 가래를 제거하는 거담 효과가 뛰어나 남도창을 하는 소리꾼들이 즐겨 먹기도 했다니, 남도창의 유명세에 참홍어가 한몫을 단단히 한 것 같다. 참홍어의 살과 애, 즉 간에는 고도 불포화지방산이 많고, 관상동맥 질환과 혈전증을 억제하는 물질이 다량 함유되어 있다.

이른 봄, 보리 싹과 함께 손바닥만 한 참홍어 간을 넣어 끓인 참홍어앳 국은 욱신거리는 몸살 기운을 흔적도 없이 사라지게 한다. 숙성된 참 홍어는 강알칼리 식품으로 산성 체질을 알칼리성 체질로 바꿔주고 위 산을 중화시켜 위염을 억제하며, 암모니아로 대장에서 잡균을 죽여 속 을 편하게 한다고 하니, 이쯤 되면 만병통치약이라고 해도 될 성싶다.

이렇게 건강에 좋고 맛도 훌륭한 참홍어이지만, 누구나 쉽게 즐기기에 는 가격이 만만치 않다. 당연히 어획량이 적어서 그런 것인데, 참홍어 의 국내 생산량은 1992년에 약 3,000톤으로 정점을 이룬 뒤 계속 감소 하여 수백 톤까지 낮아졌다. 2008년에는 1,000여 톤까지 회복되었으 나 이후로도 여전히 어획량이 많지 않다. 그래서 칠레, 아르헨티나, 중 국 등 세계 각국으로부터 수입해 오는 것이 1만 톤 수준이다.

어획량이 줄어든 이유는 자원의 재생산량에 비해 너무 많이 잡았기 때 문이다. 이는 다른 어종과는 다른 참홍어의 생태적 특성과 관련이 있 다. 보통 어류는 1회 산란할 때 수만~수십만 개의 알을 낳아 재생산력 이 높지만, 참홍어는 한 번에 2개의 난각을 만들고 그 안에 4~6개의 알 만을 낳기 때문에 자원이 회복되는 시간이 다른 어류에 비해 몇 배나 오래 걸린다. 최근에는 산란할 수 있는 참홍어 어미를 보호하기 위해 6월 1일부터 7월 15일까지를 금어기로 정하고, 체반 폭 42센티미터 미만의 어린 개체는 못 잡게 하는 포획금지체장을 법규로 정하여 자원을 회복하려 노력하고 있다.

현재 흑산도에서는 6척의 홍어 연승(주낙) 배가 허가를 받아 겨울철에 조업을 한다. 짧게는 2~3일에서 길게는 1주일 동안 나가서 잡는 홍어 수는 30~40마리에 불과하다. 귀하니 비싸게 받아 어민 소득이 올라가는 것은 좋은 일이지만, 더 많은 이들이 널리 즐길 수 있도록 하루 빨리 자원이 회복되길 간절히 희망한다.

참홍어의 난각

간재미를 말리는 모습

참홍어 새끼인 줄 알았던 간재미의 정체

군산에서 근무할 때의 일이다. 한여름 무더위에 지친 몸을 이끌고 그
곳 터줏대감들에게 이끌려 간 곳은 군산 내항 근처의 '감나무집 슈퍼'
였다. 간판에 정식 상호가 따로 있으나, 가게 앞 평상 옆에 서 있는 보
잘것없는 감나무 한 그루가 그나마 그늘을 만들고 있어 다들 그렇게
불렀다.

평상에 앉자 주인아주머니가 얼음이 채워진 바케스(?)를 들고 왔는데,
얼음 사이로 맥주병이 보였다. 4°C의 냉장고 속에 넣은 맥주보다도 더

찬 '얼음 맥주'이다. 저녁도 먹지 않는 빈속에 시원하게 한잔 밀어넣고 있는데, 접시에 '참홍어 새끼'가 살짝 구워져 나왔다. 그 옆에는 간장에 땡고추, 그리고 마요네즈를 담은 종지가 있었다. 북북 찢어 건네주는 아주머니 손에서 한 조각을 받아 양념간장 푹 찍어 한입 베어 물었더니, 아, 그 맛이란! 강하지는 않지만 홍어의 맛이 나고, 몇 날 며칠을 달여서 만들었다는 그 비법의 양념간장 맛이 묘하게 어울렸다. 새벽에 주인아주머니가 수산시장에 가서 생것을 사와 손질하여 그늘에서 며칠 동안 구들구들하게 말려 만든 것이라니 그 정성의 맛까지 가세하였다. 그 한여름 밤에 맥주 안주로 먹었던 포 맛은 결코 잊을 수 없는 기억이다. 그런데 그게 참홍어가 아니고 그냥 '홍어'였다. 일명 '간재미'라 불리는 홍어 말이다.

홍어류에 대한 분류학적 체계는 늦게까지 이루어지지 않아 혼란스러웠다. 그러나 한 전문가의 노력으로 한때 살홍어, 눈가오리 등으로 분류되었던 흑산도 홍어가 이젠 '참홍어'로 학회에 보고되었다. 그리고 군산을 비롯한 서해안에서 지금도 간재미로 통용되는 놈은 이제 '홍어'로 부르게 되었다. 갑자기 홍어라 부르던 것을 참홍어로, 간재미라 부르던 것은 홍어로 불러야 하니 익숙하지 않을 것이다. 가끔은 방언이 편할 때도 있다.

2장. 친애하는 인간에게,
물고기 올림

개체의 연약함을
대가족의 단결로 극복하다

멸치·실치

바다에는 2만여 종의 물고기가 살고 있다. 이 중 가장 많은 식구를 거느린 물고기가 "너도 생선이냐?"라고 할 정도로 작고 힘없어 보이는 멸치이다. 멸치는 작은 플랑크톤을 먹고 살고 더 큰 물고기에게는 먹잇감이 된다. 복잡하게 얽히고설킨 바닷속 먹이사슬에서 중간자 구실을 하며 해양생태계에서 중요한 위치를 차지하고 있는 것이다. 이렇게 험한 세상에서 멸치는 어떻게 대가족을 유지하며 살아가는 것일까? 다른 크고 힘센 물고기들의 먹잇감에 지나지 않아 보이는데 말이다. 일찍 성숙하고 알을 많이 낳는 적응 능력이 바로 그 비결이다.

육식성 대형 어류의 먹이가 되어야 할 운명인 멸치는 어떻게 해서든 빨리 자라서 많은 새끼를 번식시켜야 하므로 다른 어류보다 생식 주기가 짧다. 한 마리의 멸치가 낳는 알은 보통 4,000~5,000개 정도인데, 이들의 작은 몸집을 생각한다면 엄청난 수이다. 멸치는 연안 회유성 물고기로 대륙붕의 얕은 바다에 산다. 주 산란기는 5~9월이지만 한겨울을 제외하고는 거의 1년 내내 산란한다. 멸치는 17~27℃의 수온과 30psu[11] 이상의 염분을 동시에 만족해야 산란하며, 한밤중에 알을 낳고 1~2일 내에 새끼를 부화시켜 자손을 번식한다. 봄의 시작과 함께 산란하기 시작하여 빠르게 자라 어민의 그물에 첫 수확의 기쁨을 주는 멸치는 정녕 봄의 전령사이다.

11 실용 염분 단위(practical salinity unit)로, 해수 1킬로그램에 들어 있는 총 염분의 그램 수를 나타낸다.

멸치냐 정어리냐

멸치(학명 *Engraulis japonicus*)는 청어목 멸칫과의 바닷물고기로, 몸은 길고 횡단면은 타원형에 가까우며 옆으로 납작하다. 몸 색깔은 등 쪽이 암청색이고 배 쪽은 은백색이며 옆줄은 없다. 위턱이 머리의 앞쪽으로 튀어나온 앞짱구에, 양턱에는 작은 이빨이 한 줄 나 있다.

『자산어보』에서는 '업신여길 멸' 자를 써서 멸어蔑魚라고 하였고, '물 밖으로 나오면 급한 성질 때문에 금방 죽는다'라는 뜻으로 '멸할 멸滅' 자로도 쓴다. 물고기의 대표인지라 물의 고어인 '미리'가 '며리'로, 다시 '멸'로 변화한 것에 물고기를 뜻하는 접미사 '치'가 붙어 멸치가 되었다는 이야기가 있다. 제주도 사람들은 멸치가 모슬포 연안에 떼를 지어 들어와서 언덕까지 뛰어 올라가는 모습을 보고는 잘 헤엄쳐 다닌다는 뜻에서 행어行魚라고 불렀다 한다.

일본에서는 가다구치이와시片口鰯라 하는데, 이는 아래턱이 위턱에 비하여 작아 턱이 한쪽에 치우친 정어리라며 붙은 이름이다. 중국 이름은 티위, 즉 제어鯷魚이며 영어로는 잘 알려져 있듯이 앤초비anchovy라고 한다. 전 세계 멸치속 어류는 1972년에 엘니뇨로 개체수가 급감했다가 다시 늘어난 페루 멸치 '안초베타'를 포함해 8종이 있다. 우리나라 연근해에서 잡히는 멸치는 태평양산 멸치라고 하여 퍼시픽 앤초비라고 부른다(일본에서는 Japanese anchovy라 한다).

어업인들은 크기에 따라 이름을 달리 부르는데 일본말과 혼용하여 사용하고 있다. 크기에 따라 지리멸(1.5센티미터 이하), 시루쿠(2센티미터 이하), 가이리(2센티미터 정도), 가이리고바(2.0~3.1센티미터, 비늘돈치기라고도 한다), 고바(3.1~4.0센티미터), 고주바(4.0~4.6센티미터), 주바(4.6~7.6센티미터), 오바(7.7센티미터 이상), 그리고 가장 큰 것을 정어리라고 부른다. 이는 진짜 정어리가 아니고 정어리만큼 크다고 해서 붙은 이름일 것이다. 어쨌거나 여수에서는 큰 대멸을 쌈에 싸 먹는 식당 간판에 버젓이 '정어리 쌈밥집'이라고 적혀 있긴 하다. 비늘돈치기는 비늘이 돋아나는 정도 크기의 멸치를 일컫는 참 예쁜 순우리말이다. 가장 작은 것을 실치라고 부르기도 하는데, 정작 실치는 아예 다른 물고기다.

일반적으로 유통되는 마른 멸치는 몸길이 7.7센티미터 이상을 대멸, 4.6~7.6센티미터를 중멸, 3.1~4.5센티미터를 소멸, 1.6~3.0센티미터를 자仔멸, 1.5센티미터 이하를 세細멸이라고 구분하여 부른다.

멸치 머리엔 블랙박스가 있다

이렇게 작은 멸치도 나이가 있다. 사람이라면 동사무소에 가서 주민등록등·초본을 떼어보면 되지만, 물고기는 출생신고도 하지 않고 너 몇

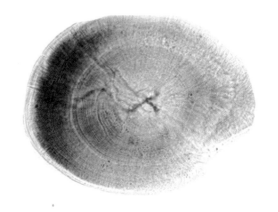

고배율 현미경으로 본 멸치 이석

살이냐 말로 물어볼 수도 없으니 알 수없는 노릇이다. 이러한 궁금증을 하나씩 탐구해가는 이것이 과학이고, 사실 바로 이 분야가 내가 전문적으로 연구한 전공이다.

앞서 '조기' 머리에서 발견되는 하얀 돌맹이를 언급한 바 있다. 단단한 뼈를 가진 모든 물고기는 머리, 엄밀하게 말하면 귀 속에 하얀 돌맹이인 이석을 가지고 있다. 이석은 칼슘과 단백질이 주성분으로 이루어진 뼈 같은 형질로 몸의 균형을 감지하는 평형기관 구실을 한다. 이 이석을 쪼개거나 갈아서 단면을 보면 나무 나이테 같은 무늬가 있어 나이를 알아낼 수 있다. 몇 살 먹었는지, 심지어는 몇 년, 며칠에 태어났는지를 말해주는 일일 성장선도 찾아낼 수 있다. 그뿐만 아니라 이석에는 비행기의 블랙박스처럼 살아온 여러 정보가 기록되어 있어 물고기의 숨겨진 비밀을 캐낼 수 있으니 과학이 이렇게 재미있다.

이석에 나타난 미세한 성장선을 분석해보니 서해산 멸치는 산란 시기에 따라 3개의 산란군으로 나눌 수 있는데, 늦여름(수온 20~26℃) 산란군이 그보다 수온이 낮은 봄과 이른 여름에 산란한 멸치보다 더 빨리자라는 것을 알 수 있었다. 이렇게 성장이 빠른 덕에 짧은 시간에 혹독한 겨울을 날 수 있을 정도로 자라서 살아남게 되는 것이다. 참 자연의이치란 죽으란 법은 없는 것 같다.

> 멸치는 몸이 매우 작고, 큰 놈은 서너 치, 빛깔은 청백색이다. 6월 초에 연안에 나타나 서리 내릴 때에 물러간다. 성질은 밝은 빛을 좋아한다. 밤에 어부들은 불을 밝혀 멸치를 유인하여 함정에 이르면 손그물로 떠서 잡는다. 이 물고기로는 국이나 젓갈을 만들며 말려서 포로도 만든다.
>
> _『자산어보』

정약전 선생의 대단한 관찰력이 돋보이는 대목이다. 내가 다년간 현장에서 조사하고, 캐나다에 방문 연구원으로 가서 분석하면서 무려 10여년 만에 밝혀낸 연구 결과를 200여 년 전에 꿰뚫고 있었던 셈이다. 아무튼 이렇게 생태 정보 하나를 알아내는 데도 많은 시간과 노력이 요구되는지라, 자연과학에는 투자하고 그냥 기다려줄 일이다.

자연의 순리 따르는 남해 죽방렴

멸치는 권현망, 유자망, 안강망[12], 낭장망[13], 연안 들망, 죽방렴 등 30여 가지의 다양한 어업으로 어획되고 있다. 이 중 대표적인 어법은 배두 척이 그물을 던져 양쪽에서 끌어당겨서 잡는 기선권현망 방식으로, 전체 멸치 생산량의 50~60퍼센트 이상을 공급하고 있다. 권현망 어선은 주로 남해안 경남권 먼바다에서 조업하는데, 멸치를 잡는 즉시 선상에서 삶아 말리고 또 마른 멸치를 그때그때 육지로 운반하는 등 여러 배가 선단을 이루는 기업형 어업 형태이다.

이 권현망은 '멸두리'나 '오개도리'라는 속칭으로도 불리는데, 바닷속에 통을 띄워놓고 잡는다는 의미의 일본어인 '오케도리' 또는 육지에서 조금 떨어진 곳에서 잡는다는 의미의 '오키도리'라는 말이 와전된 것으로 보인다. 권현망이란 명칭이 풍어를 상징하는 일본의 바다 수호신인

---

12 조류가 빠른 곳에서 어구를 고정해 놓고, 어군이 조류에 의해 강제로 자루에 밀려 들어가게 하여 잡는 어구.

13 긴 자루 그물의 날개 쪽과 자루 끝 쪽을 멍이나 닻으로 고정시키고 조류에 의하여 들어간 고기를 어획하는 어구.

권현신에서 따온 것이라는 이야기도 있다. 어쨌거나 멸치를 좋아하는 일본 사람들에 의해 개발된 어법임은 분명하다.

죽방렴竹防簾은 말 그대로 대나무로 만든 어살이다. 죽방렴은 독살과 마찬가지로 아주 오랜 옛날부터 고기잡이에 활용된 원시 어구로 기본적인 원리도 독살과 거의 같다. 조석 간만의 차가 크고 썰물 때 수심이 얕은 바다에 참나무 말뚝을 V자 형태로 박는다. 이렇게 박은 말뚝을 '삼각살'이라고 하는데, 한 변의 길이가 무려 수십 미터에 이른다. 이 말뚝을 대나무로 촘촘하게 발을 엮어서 함정 장치인 불통을 만든다. 불통과 살 사이에는 대나무를 엮어 만든 문짝이 매달려 있다. 이 문짝은 밀물 때에는 조류의 힘으로 활짝 열려 있다가 썰물 때에 물이 빠지고 축 늘어지면 꽉 닫히게 된다. 그래서 일단 물고기들이 불통 안으로 들어오고 나면 빠져나갈 수가 없다. 이렇게 불통 안에 갇힌 고기를 하루 두 번씩 물때에 맞춰 후릿그물이나 뜰채로 떠올리기만 하면 된다.

남해 죽방렴에는 날씨가 따뜻한 봄부터 가을까지 멸치가 드는데, 죽방렴 멸치는 다른 그물로 잡은 것보다 몇 곱절 비싼 값에 팔린다. 끄는 그물로 잡은 멸치는 서로 쓸려 비늘이 벗겨지고 온몸에 상처를 입어 보기에도 좋지 않은 반면, 조류를 따라 자연스레 죽방렴 안에 들어온 멸치는 전혀 손상되지 않아 모양이 좋을뿐더러 스트레스를 적게 받아 맛도 더 좋다는 것이다. 이런 이유로 죽방렴 멸치는 유명 백화점에서 상표를 붙이고 비싼 값에 팔리고 있다.

남해 죽방렴 ⓒ남해군청

그러나 무엇보다 점수를 쳐줄 만한 것은 죽방렴이 생태적 어업이라는 사실이 아닌가 싶다. 그물을 끄는 어로 방식은 물고기를 쫓아다녀야 하지만, 죽방렴은 멸치가 제 스스로 들어오기를 기다리기 때문이다. 죽방렴은 오늘날 행해지는 조업 방식 중에서 가장 자연의 순리를 거스르지 않는 방법이라고 할 만하다.

해전 방불케 하는 연안 들망 조업

여수에는 이순신 장군의 어머니가 살았던 마을이 있고 거북선을 만들었던 선소가 있는, 진정한 충무공의 고장이다. 이 여수의 작은 마을, 화양면 용주리에 근거를 두고 있는 멸치잡이 어업으로 '연안 들망'이 있다. 연안 들망 멸치 어업은 전국에서 실질적으로 여수 가막만에서만 이루어지는데 수십 척의 들망 배가 이곳에서 멸치잡이를 한다.

2006년 어느 초여름 날 밤, 멸치 조업 현장을 승선 취재하기 위하여 찾아온 방송국 촬영팀과 동행한 적이 있다. 날이 어둑어둑해지면서 용주리 선창에 김동철 선장의 배가 나타났다. 멸치잡이 어선은 낮 동안 바다 위에 배를 띄워놓고 잠을 자며 휴식을 취하다가 저녁이 되면 출어를 한다. 멸치는 떼를 지어 이동하며, 빛을 쫓는 대표적인 양성 주광성 어류이기 때문이다. 불빛을 좋아하는 성질이 있어 캄캄한 밤에 불빛을 비춰 멸치 떼를 유인하여 잡는다.

먼저 고기 떼를 탐색하는 어탐선이 멸치 떼를 먼저 찾아 어장을 선점하려고 치열하게 각축전을 벌이는데, 그 스피드가 해전을 방불케 하였다. 어군을 탐색하고 나면 이내 등선燈船이 불을 비추어 멸치 떼를 모으고 본선이 그물을 내려 둘러친다. 그 모습은 마치 거북선 함대가 한산도대첩에서 보였던 학익진 편대를 보는 듯했다. 뒤이어 그물 안에 포위되었던 등선이 멸치가 놀라 튀어나오지 않도록 손으로 노를 저어 그물을 타고 넘어 빠져나온다. 멸치를 잡는 데 속전속결과 완급을 조절하는 책략이 이순신 장군의 후예답다.

이젠 뭉치면 죽는다

물고기뿐 아니라 육상동물들도 떼를 이루어 이동하는 경우가 많다. 일반적으로 떼를 지어 사는 동물이 그 수가 많은 것을 봐서는 진화의 과정에서 무리를 이루는 것에 이점이 있음에 틀림없다. 경쟁 관계에서 종족 보존의 성공 여부는 먹고 먹히는 관계에서 얼마나 많은 자손이 살아남느냐에 달려 있다.

어떤 동물이 일정한 간격으로 퍼져 있으면 포식자에게 먹히기가 쉽지만, 떼를 지어 모여 있으면 설령 포식자에게 발견되더라도 포식자가 한 번에 잡아먹을 수 있는 수에 한계가 있으므로 무리 속에 있는 다수가 잡아먹힐 확률은 줄어든다. 몇 마리의 희생으로 무리 속의 다른 개체들은 살아남을 수 있고, 포식자가 포식을 만끽하는 사이에 먼 곳으로 도망갈 수도 있다. 이러한 이유로 떼를 짓는 물고기는 진화의 과정에서 잡아먹힐 확률이 줄어드는 방향으로 생존해왔고, 일부 포식자는 먹이 떼를 계속 따라 다니며 배고플 때마다 잡아먹도록 진화하였다. 그래서 과거 어군탐지기가 발달하지 않았을 때에는 물고기를 잘 찾는 물새나, 어군을 따라다니는 돌고래 무리를 보고 물고기 떼를 찾았다.

그러나 요즘 떼를 지어 사는 물고기에게 가장 무서운 적은 그물을 둘러쳐 한꺼번에 모두 잡아버리려는 인간이다. 물속의 포식자를 상대할 때는 생존에 유리했지만, 인간이라는 포식자 앞에서는 무리를 이루는

멸치를 몰아 둘려쳐서 낚아올리는 들망 조업

것이 오히려 불리하게 되었으니 아이러니한 일이다. 이제 어군탐지기
는 값이 싸져 웬만한 어선에는 모두 장착되어 있다. 힘 좋은 디젤 엔진
을 달아 배의 속도가 빨라진 데다, 그물도 점점 커지고 고기 잡는 방법
도 발달하였다. 이처럼 기술의 발달과 장비의 현대화로 멸치 떼를 쉽
게 찾고 빠르게 잡아 올리다 보니 자원을 남획할 가능성 역시 커져 현
명한 자원 관리가 필요하게 되었다.

멸치도 생선이다

멸치는 머리와 내장까지 통째로 먹을 수 있어 버릴 데가 하나도 없는

생선이다. 다른 어종에 비해 섭취 효율이 높다고 할 수 있다. 단백질과 칼슘 등 무기질이 풍부하여 성장기 어린이는 물론 임산부를 비롯한 여성의 골다공증 예방에도 매우 좋다. 불안하거나 신경질이 나는 것은 체내 칼슘이 부족하기 때문이니 매일 멸치를 섭취하면 육체적 건강뿐만 아니라 정신적 건강에도 좋을 것이다.

멸치는 생선 구경조차 변변히 못 하던 산간벽지에서도 먹었을 만큼 대중적이고 서민적인 물고기로 우리 생활 속에 깊이 자리 잡고 있다. 국을 끓일 때는 멸치를 넣어 국물을 냈고, 김장할 때는 멸치젓이 빠지지 않았다. 여름철에 입맛 없을 때면 물에 밥을 말아 마른 멸치를 고추장에 찍어 먹으면 그 또한 별미였다.

지역에 따라서는 갓 잡은 씨알 굵은 대멸의 회 맛이 일품이고 소금구이 또한 별미이다. 어느 방송사의 지역 소개 프로그램에 하도 많이 나와서 부산시 기장군 대변항에서 멸치 회를 맛볼 수 있다는 것을 모르는 사람은 이제 없을 것이다. 예전에 근무하던 연구소가 그곳 가까이에 있어서 제철이 되면 점심때 간간이 멸치 회를 먹으러 갔다. 이제는 너무 유명해져 멸치 철이 되면 명동 거리만큼이나 붐비지만, 그때만 해도 대변항은 조그마한 어촌이었다. 포구에 있는 구멍가게에서 할머니가 멸치회를 무쳐주면 막걸리를 곁들이면서 유자망에 걸려 올라온 멸치 터는 광경을 구경하곤 했다. 그렇게 작은 멸치를 어떻게 회를 뜨나 궁금할텐데, 엄밀하게 말하면 회를 뜨는 것이 아니리 가시를 발라

내고 살점에 양념 고추장을 묻힌다는 말이 옳을 듯싶다. 어쨌든 회가 되는 것을 보면 멸치도 '생선'임이 분명하다.

작은 멸치도, 뱅어 새끼도 아니라고요!

앞서 가장 작은 크기의 멸치를 실치라고 부르기도 한다고 말했다. 하지만 실치는 엄연히 별개의 어종이다. 정확히 말하면 베도라치의 새끼이다. 서해에는 흰베도라치가 그 대부분이기 때문에 실치는 흰베도라치 새끼라고 보면 무방할 것이다. 인터넷에 떠도는 것처럼 뱅어 새끼도 아니고, 물론 멸치 새끼도 아니다. 베도라치류는 분류학적 어려움 때문에 1980년대까지만 해도 국내에서는 황줄베도라칫과에 속하는 베도라치에, 새롭게 보고된 흰베도라치를 더해도 고작 몇 종밖에 실려 있지 않았다. 그러나 최근에 나온 어류도감에는 2개 과에 25종의 어종이 실려 있으니, 분류학의 발전을 실감하게 된다.

이웃하는 분류 계통으로 장갱잇과가 있다. 가끔 베도라치류 무리 속에 모양은 비슷하나 덩치가 크고 머리 위쪽에 아귀처럼 돌기가 돋아 있는 것들이 있는데, 이들은 장갱잇과인 괴도라치나 왜도라치이다.

흰베도라치(학명 *Pholis fangi*)는 10월부터 알을 배기 시작하여 일반적으로 우리나라 온대성 물고기가 산란하지 않는 겨울철인 11~12월에 연

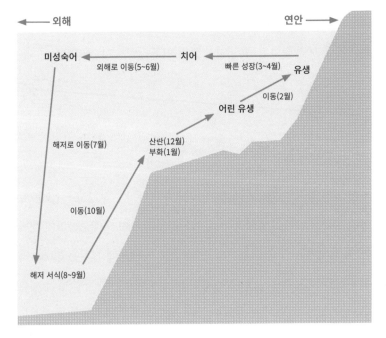

외해 ← | → 연안

미성숙어 ← 치어 ←

외해로 이동(5~6월) | 빠른 성장(3~4월) | 유생

해저로 이동(7월) | 산란(12월) 부화(1월) | 어린 유생 | 이동(2월)

이동(10월)

해저 서식(8~9월)

흰베도라치의 한살이

안을 벗어나 먼바다에서 산란한다. 새끼가 태어나려면 1월은 되어야
한다. 2월이면 1센티미터 크기의 흰베도라치 치어인 실치가 서해 중
부 보령 앞바다에 넓게 퍼져 있다가 점차 시간이 지나면서 해류를 따
라 먼바다에서 연안 가까운 앞바다 쪽으로, 남쪽에서 북쪽으로 회유를
한다. 3월에는 보육장인 연안과 만 안쪽으로 바짝 붙어 떠서 들어오며,
3~4월에는 하루가 다르게 자라 우리가 잡는 크기의 실치가 된다. 4월
이 지나면 급속하게 연안을 빠져나가 5~6월까지 먼바다로 이동하고, 7

월부터는 어미 흰베도라치가 되어 바닷속 깊은 바닥으로 이동한다. 그곳 저층 암초 지대에서 10월까지 서식하는데, 다 자란 흰베도라치는 3세까지 산다. 그래서 8~9월 여름철에는 연안에 있는 낭장망에서 흰베도라치를 채집하기 어렵다. 이제 실치의 실체인 흰베도라치의 한살이가 어느 정도 이해되었으리라.

너무 자라면 못 먹는 찰나의 별미

4월이 되면 봄 한 철, 그것도 4월 한 달 동안만 맛볼 수 있는 실치가 충남 당진시 장고항 포구에서 미식가들의 입맛을 돋운다. 곡우를 전후해서 실치회를 맛볼 수 있는데 크기가 5센티미터만 되어도 뼈가 굵어 날로 멋을 수 없다. 극히 제한된 시기에 한정 판매되기 때문에 제철 음식 좋아하는 한국 사람들이 전국에서 장고항으로 몰려와 그 공급이 달릴 정도이다.

그러나 이러한 인기가 무색하게도 실치가 어떤 물고기인지, 왜 이때만 실치를 잡을 수 있는지, 정말 실치가 뱅어 새끼인지 등은 거의 알려져 있지 않았다. 그도 그럴 것이 1980년대 초반 실치가 처음 학계에 보고된 이후 1989년에야 석사 학위 논문 한 편이 나온 것이 연구의 전부였기 때문이다. 그러다가 10년 넘게 검증과 보완 조사 끝에 2000년대에

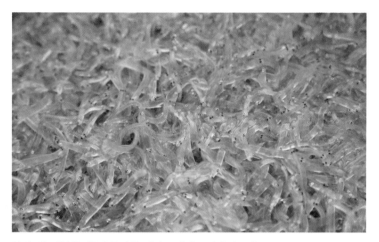

살아 있는 실치는 몸이 투명해, 거의 눈밖에 보이지 않는다. ⓒ당진시청

들어서야 실치의 실체를 본격적으로 다룬 연구 결과가 발표되면서, 베일에 싸여 있던 이 물고기의 정체가 조금이나마 드러나게 되었다.

당진 장고항은 서산 삼길포와 함께 실치잡이로 유명했다. 지난 1970년대 실치잡이가 성행할 때는 150여 가구가 소위 멍텅구리배로 불리던 무동력 중선으로 실치잡이를 해왔다. 그러나 1980년대에 시작된 방조제 축조와 산업 단지 개발로 바다에 변화가 생겼는지 1990년대 들어서는 연안의 실치잡이 어선은 자취를 감추었고 지금은 인근 앞바다에서 개량한 안강망 그물로 실치를 잡고 있다. 2004년에 시작한 장고항 실치회 축제는 이제 성공적으로 자리를 잡았지만, 정작 실치의 어획량이 예전과 비교가 되지 않을 정도로 줄어 물량 대기가 쉽지 않

다고 한다.

진짜 작은 멸치인 세멸과 마찬가지로, 실치는 자원 보호를 위해서는 잡지 말아야 하는 치어이다. 그렇다고 해서 어업인의 생활과 전통적 음식 문화를 무작정 외면할 수도 없다. 이쯤 해서 정부와 학계에서 자원 회복 방안을 슬기롭게 마련해주었으면 한다. 흰베도라치는 여름내 바닷속 암초 지대에 살면서 산란을 준비하는데, 한국수산자원공단은 당진시와 함께 2012년부터 물고기의 서식장 조성을 위해 연안 바다 목장 사업을 준비하고 있다. 이러한 노력이 결실을 거두어 지역 특산 수산물을 이용한 관광산업이 지속될 수 있길 기대한다.

장고항 실치회는 4월 말까지 즐길 수 있으며, 더불어 뱅어포도 찾아볼 만하다. 옛날에 실치를 뱅어 새끼로 잘못 알고 붙였던 이름이다. 그러니 '실치포'라 부르는 것이 더 정확하겠다. 어린 시절 어머니께서 고추장을 발라 살짝 구워 도시락 반찬으로 싸주셨던 뱅어포를 맛보는 즐거움은 지금에 와서도 남다르다. 뱅어포는 멸치와 달리 삶지 않고 생 실치를 김발에 널어 말리는데, 해풍과 태양광으로 말리는 전통 방법을 고수하는 집도 남아 있다. 추억이 서린 수산물이다.

사람도 물고기도,
때와 철이 있다

전어

가을 하면 생각나는 게 전어이다. 전어는 가을철에 살이 오르고 맛이 있기 때문에 가을을 대표하는 생선이라는 뜻으로 '가을 전어'라는 말을 한다. 가을 전어는 회는 물론 구이 또한 일품이어서 예로부터 '가을 전어 대가리에는 깨가 서 말'이라는 말이 있을 정도이다.

실제로 국립수산과학원에서 전어의 성분을 분석한 결과, 다른 영양분은 계절에 따라 별 차이가 없으나 가을이면 유독 지방 성분이 최고 3배 정도 높아졌다. 깨가 서 말이라는 속설이 과학적으로 뒷받침된 것이다. 이 지방질 때문에 구울 때 고소한 냄새가 나서 생긴 '전어 굽는 냄새에 집 나갔던 며느리가 다시 돌아온다'라는 말도 있지 않은가.

작금의 전어가 누리는 인기를 보면 상상할 수 없을 노릇이지만, 과거에는 전어가 그리 사랑받는 생선이 아니었다. 특히 보관 및 운송기술이 발달하기 전에는 생산지 주변에서만 소비되곤 하던 '비인기 종목'이었다. 그러던 전어가 TV 등 방송 매체의 먹거리 기행에 자주 소개되면서 정식 횟감은 아니지만 싸고 특별한 맛에 먹기 시작해 이젠 한철의 대표적인 횟감으로 당당히 자리매김하였다. 심지어는 바다와 한참 떨어진 도회지에서도 수족관에서 재빠르게 헤엄치는 활어를 바로 잡아 회를 쳐서 맛볼 수 있으니 그 인기가 하늘을 찌른다. 그런 의미로도, 괄시받던 오랜 역사를 딛고 드디어 '제철'을 맞았다고 할 수 있겠다.

'뼈꼬시'는 어디서 온 말인가

가을철에 잡힌 전어는 다른 큰 생선과 달리 회를 칠 때 대가리와 지느러미만 떼고, 통째로 어슷썰기를 한다. 이를 이른바 세꼬시 또는 뼈꼬시라고 부르는데, 그 어원을 살펴보면 이렇다. 작은 물고기를 대가리와 내장을 제거하고 3~5밀리미터 정도의 두께로 뼈를 바르지 않고 자르는 것을 일본어로 세고시せごし, 背越し라고 한다. 이는 생선을 자른 뒤 식해처럼 소금과 식초로 담가 먹는 '세고시 나마스背越膾'라는 요리에서 나온 것이다. 어쨌거나 이 말이 경상도 지방으로 건너와 세꼬시란 된소리로 변해 통용되고 있는 듯하다. 뼈째 먹어보니 고소하다 해서 뼈꼬시란 말을 사용하기도 한다. 분명 잘못된 말이기는 하나, 우리말과 일본말이 합쳐져 더 잘 알아들을 수 있다니 조어가 이렇게 경이로울 때가 있다.

전어는 10월 이후 가을이 지나면 뼈가 억세어지기 때문에 그 전에 잡은 놈들은 비늘만 벗기고 뼈째 두툼하게 썰어낸다. 이 가을 전어를 마늘과 기름을 두른 막장에 찍어 먹는 그 맛이란! 씹으면 씹을수록 고소해지는 뒷맛은 깨소금보다 더 고소하다. 활어의 쫄깃쫄깃한 살맛을 강조하는 다른 회와 확실히 구분되는 뼈가 약하게 씹히는 거친 맛이 바로 전어 뼈꼬시의 묘미가 아닐까.

돈 생각 않고 산다 해서 '전어'

전어는 옛부터 일반인들과 친숙했던 물고기로 이름에 관한 유래가 여럿 있다.

> 기름이 많고 맛이 좋다. 상인들이 염장하여 서울에 파는데, 귀천이 모두 좋아하였으며 그 맛이 좋아 사는 사람이 돈을 생각하지 않기 때문에 전어錢魚라고 한다.
>
> _서유구, 『난호어목지蘭湖漁牧志』

오래전부터 이렇게 돈을 생각하지 않고 사 먹을 정도였다고 하니 전어를 단순히 잡어라고 생각했던 내 생각이 짧았음을 인정해야겠다.

또, 근거를 찾을 수는 없지만 전어 이름의 유래로 그럴듯한 바다 건너 일본 이야기를 하나 소개한다. 옛날 어느 집안에 일본의 높은 벼슬아치가 거절할 수 없는 청혼을 해 왔다. 그러나 딸에게는 사랑하는 이가 있었다. 딸을 측은히 생각한 아버지는 딸이 병사했다고 말하고 대신 관에 전어를 넣어 화장하였는데, 그 냄새가 사람 타는 냄새와 비슷해 어려움을 면했다고 한다. '자식 대신'이란 말이 일본어로 '고노시로子の代'인데, 이 말을 그대로 전어(특히 다 자란 성어)의 이름으로 쓰게 되었다. 10~15센티미터 정도의 전어 중치를 '고하다コハダ, 小肌'라고 달리 부르는데, 이는 어린아이 살처럼 연하다는 의미이다. 10센티미터 이하의 어린 전어는 새로 태어난 놈을 가리키는 '신코シンコ, 新子'로 부른다.

일본에 재미있는 에피소드가 하나 더 있다. 어느 성의 성주가 하인들의 노고를 치하하는 연회를 열었다. 가을이라 전어가 맛있을 철이니 당연히 전어 소금구이가 나왔다. 하인들은 전어를 먹으면서 '전어가 맛있다'라는 말을 연발하였고, 이 말을 들은 성주는 '이 성城이 먹히면 큰일'이라며 걱정하였다고 한다. 일본어로 '시로'는 '성'을 뜻하기도 하는데, '전어'와 '이 성'의 발음이 같아서 '전어가 맛있다'라는 말이 '이 성이 맛있다'라는 말로 들렸던 것이다.

전어 굽는 냄새에 집 나간 며느리도 돌아온다고

전어의 학명인 *Konosirus punctatus*에서 속명屬名인 Konosirus는 일본명 고노시로의 발음을 그대로 딴 것이고, 종명種名인 Punctatus는 전어 몸에 있는 반점을 의미한다. 영어로는 '도티드 기저드 셰드Dotted gizzard shad'라고 부르는데, 전어의 위가 새의 모래주머니gizzard를 닮았다 하여 붙은 이름이다.

서해 전어보다 작은 남해 전어

가을이면 전국 어디서나 전어를 내세운 축제가 한창이다. 남해안에 있는 부산 명지, 삼천포, 광양, 보성 율포, 그리고 서해안의 서천 홍원항과 보령 무창포 등등…. 이렇게 인터넷에 올라 있는 곳 말고도 부지기수일 것이다.

특히 2019년으로 19회를 맞는 서천군 홍원항과 15회째인 보성군 율포 전어축제는 전국에서 찾아오는 대표적인 지역 축제로 자리매김한 지 오래이다. 이들 지역의 공통점은 민물과 바닷물이 만나는 하구이거나 연안 안쪽으로 쑥 들어온 만이라는 점이다. 이를 어류 생태학적 측면에서 분석해보면 재미있으리라.

몇 년 전부터 금강 하구 현장 조사를 나가 어업인들을 만나보면, 여름에서 가을로 접어들 때는 영양분이 많은 하구 쪽에서 전어가 많이 잡힌다고 한다. 또, 하굿둑에서 담수를 한꺼번에 방류하여 만 입구의 염분이 낮아지면 잘 안 잡히고, 반대로 장마가 짧고 무더위가 기승을 부리면 풍어를 이룬다고도 한다. 이때는 봄철에 산란한 전어가 내내 연안에서 자라는 기간이므로 먹이와 염분이 전어의 성장과 서식에 영향을 주는 중요한 요인일 것으로 판단되는데, 과학적인 뒷받침이 필요하겠다.

그간 발표된 논문을 토대로 전어의 생태 몇 가지를 소개하고자 한다. 우선 전어는 우리나라 연안의 수심 30미터 내외의 표층과 중층에 사는 연안성 어종이다. 멀리 회유하지는 않지만 서해안에서는 봄에 수온이 8도로 올라가면 만이나 연안으로 들어와 여름 동안 살다가 가을에 수온이 8℃도 아래로 내려가면 외해로 빠져나간다. 서해의 수온이 8~15℃가 되는 4~5월에는 만으로 떼를 지어 몰려와 만 입구의 저층에서 산란한다. 그러나 수온이 서해보다 더 높은 남해에서는 5~6월에 산란하는데, 이때 수온은 15~20℃정도로 서해와 남해에서의 산란 수온이 다른 것으로 나타났다. 일반적으로 물고기는 해역에 따라 산란 시기는 달라도 그 수온은 비슷한데 전어는 그와 달라, 전어의 산란 요인은 좋은 연구 주제가 될 듯하다.

서해산 전어는 태어난 첫해에 가장 빨리 자라 1년이면 체장 12센티미터, 2년이면 16센티미터, 3년에 18센티미터, 4년에 21센티미터가 된다. 만 2년이 지나 14센티미터가 되면 성숙해지는데, 전어의 성숙도는 연령이 아니라 체장에 좌우된다. 남해산 전어는 1년이면 체장 11센티

전어(위)와 밴댕이(아래)

미터, 2년이면 14센티미터, 3년에 17센티미터, 4년에 20센티미터, 5년에 21센티미터로 서해산 전어보다 약간씩 작게 나타나 해역마다 서로 다른 계군이 있을 수 있음을 암시한다. 해역 간 성장 요인을 밝히는 것 또한 향후 좋은 연구 과제이다. 이렇게 아직도 연구해야 할 것들이 많으니, 이래저래 마음만 바쁘다.

전어의 친구 밴댕이

전어와 쌍둥이처럼 닮은 물고기가 있다. 바로 밴댕이이다. 같은 청어과에 속하는 밴댕이와 전어는 언뜻 보면 헷갈릴 만큼 비슷하다. 밴댕이(학명 *Sardinella zunasi*)는 등 쪽이 밝은 푸른색을 띠고 배 쪽은 흰색이며 아래턱이 위턱보다 튀어나와 있다. 반면 전어는 등이 누런빛을 띤 짙은 청색이며 배 쪽은 은백색이다. 또, 전어 등 쪽 부위의 비늘 중앙에는 1개씩의 갈색 반점이 있는데, 이를 전체적으로 보면 세로줄이 여러 개 줄지어 있는 것처럼 보인다. 아가미뚜껑 뒷부분에도 큰 흑색 반점이 있으며, 등지느러미 뒤끝의 연조가 길어 삐져나와 있는 것으로 쉽게 구분할 수 있다.

봄이 오는 5월에 강화에 가면 밴댕이회와 밴댕이무침이 유명하다. 강화도 선수 포구는 밴댕이의 원조 격인 곳으로 '밴댕이 마을'로 지정되어 있다. 강화에서 볼 수 있는 넓은 갯벌과 갈매기들이 날아다니는 바다 풍경은 서울 근교에 이런 어촌이 있나 의아할 정도이다. 조수 간만의 차가 커서 물살이 세고 펄이 기름지기 때문에 특히 담백하고 맛있어, 제철이 되면 밴댕이회를 맛보기 위해 찾아오는 식도락가들로 북적거린다. 어민들 말로는 밴댕이를 잡아 냉장고에서 하루 정도 숙성시켜 먹는 것이 가장 고소하고 부드럽다고 한다. 사실 강화 사람들이 밴댕이라 부르는 것에는 디포리, 등푸레라는 별명을 가진 진짜 밴댕이 외에 반지, 풀반댕이, 풀반지까지 모두 포함된다.

밴댕이는 겨우내 깊은 바다에 몸을 숨기고 있다가 바닷물이 따뜻해지면 연안으로 이동하면서 먹이 활동을 왕성히 한다. '오뉴월 밴댕이'라

는 말이 있듯이 남쪽에서 해안을 따라 올라오는 밴댕이는 강화도 앞바다에서 잡힐 때가 가장 맛이 좋단다. 산란을 위해 몸을 살찌우기 때문이다. 밴댕이는 성질이 급해 물 밖으로 나오면 바로 죽는 습성이 있는데, 속 좁은 이들이 곧잘 밴댕이에 비유되는 것이 이 때문이다.

신분은 달라져도
본질은 그대로

넙치

횟감으로 사랑받는 넙치(학명 *Paralichthys olivaceus*, 영명 Bastard halibut, Oliver flounder)는 '넓다'라는 단어와 물고기를 뜻하는 '치'라는 단어가 합쳐져 '몸이 넓은 물고기'라는 뜻인데, 일반적으로 넙치보다는 한자말인 광어廣魚를 많이 쓴다. 몸 빛깔은 눈이 있는 쪽은 암갈색 바탕에 유백색의 둥근 반점이 흩어져 있으며, 눈이 없는 쪽은 백색이다. 요즘 바닷가에서 낚시를 해보면 눈 없는 쪽에 흑색 반점이 있는 넙치도 간혹 발견할 수 있는데, 이는 인공종묘가 방류되어 자란 것이다.

이 흑색 반점이 생기는 이유는 아직까지 정확하게 밝혀지지 않았다. 다만 성장을 빠르게 하기 위해 수온을 조절하거나 생산성을 높이려고 좁은 양식 수조에 물고기를 많이 넣어 기르는 밀식密植 때문이 아닌가 하는 설이 있다. 바다에서 잡힌 흑반 있는 넙치는 종묘 시기에 방류하여 바다에서 성장한 것이라 사실 자연산과 다름없는데, 사람들이 양식산으로 오해하여 선호하지 않는 탓에 가격이 낮다. 이러한 흑반은 종묘 방류한 넙치가 시간이 지난 후 자연 상태에서 태어난 넙치와 어떤 비율로 있는지를 알아보는 종묘 방류 효과 조사를 할 때 자연 표지로 이용되기도 한다. 국립수산과학원 서해수산연구소의 강덕영 박사가 인공종묘에서도 이 흑색 반점이 생기지 않는 기술을 개발하여 이제는 어업인들에게 기술을 보급하는 단계에 있다.

왼쪽으로 눈이 돌아가야 넙치

넙치는 가자미와 함께 눈이 한쪽으로 쏠려 있어 헷갈리기 쉬운 탓에 회 먹는 사람들 사이에선 이들의 구별법이 얘깃거리로 꼭 등장한다. 눈의 위치를 기준으로 삼아 '우 가자미, 좌 '넙치' 또는 '좌광 우도'라 하여 구별하지만 이 역시 헷갈리기 쉽다. 대신에 오른쪽으로 눈이 돌아갔으면 글자 수 3자(오른쪽)인 가자미이고, 왼쪽으로 돌아갔으면 글자 수 2자(왼쪽)인 넙치라 기억하면 쉽다. 독자들에게 알려주는 물고기 박사만의 구별법이다.

넙치나 가자미 모두 갓 부화한 새끼일 때는 다른 물고기와 같이 눈이 양쪽에 하나씩 붙어 있다. 그러나 3주 정도 지나 몸길이가 10밀리미터 정도로 성장하면 눈이 이동하는 변태를 하게 된다. 넙치 종류는 오른쪽에 있는 눈이 왼쪽 눈 옆으로 이동하고, 가자미 종류는 반대로 왼쪽 눈이 오른쪽 눈 옆으로 이동하게 된다. 이때부터 물 밑바닥에 바짝 붙어서 저서 생활을 하게 되기 때문이다. 눈뿐만 아니라 몸 색깔도 달라져, 등 색깔이 주변의 모래나 진흙과 같은 색으로 바뀐다.

에른스트 헤켈Ernst Haeckel이 말한 '개체발생은 계통발생을 반복한다'라는 명제에 따라, 생물 개체의 발달 과정에서 양쪽에 있던 눈이 한쪽 방향으로 이동한다는 것은 진화 과정에서도 같은 일이 있었을 것이라고 추측만 해왔다. 그런데 《네이처》에 눈이 몸의 좌우측 중간에 위치한 화석이 발견되었다는 논문이 실림에 따라 이 추측이 사실로 입증되었다.

가자미목 어류의 복잡한 분류체계

가자미목 어류는 분류체계가 복잡해서 동정하기 참 까다롭다. 왼쪽에 눈이 있는 넙치류에는 풀넙칫과, 둥글넙칫과, 넙칫과가 있고, 오른쪽에 눈이 있는 가자미류에는 가자밋과 하나가 있다. 그런데 둥글넙칫과에 속하는 어류 중에 눈은 왼쪽에 있는데 이름은 '○○가자미'인 놈도 있어 헷갈린다.

더욱이 우리에게 '봄 도다리'로 잘 알려진 그 도다리는 가자밋과에 속해 오른쪽에 눈이 있는데, 같은 가자밋과에 속하면서도 유일하게 눈이 왼쪽에 있는 '강도다리'란 놈도 있으니, 형태만 가지고 구별할 수밖에 없는 일반인이 가자미의 분류체계를 이해하는 것은 쉽지 않을 듯싶다.

한편 우리가 박대나 서대라고 부르는 놈들은 가자미목에 속하지만 넙치류나 가자미류와 달리 등지느러미와 뒷지느러미가 꼬리지느러미와 합쳐져 하나로 연결되어 있다. 서대류에서 눈이 오른쪽에 있는 것은 납서댓과로, 눈이 왼쪽에 있는 것은 참서댓과로 분류된다. 여수에서 서대회로 먹는 것은 주로 개서대이고, 군산에서 박대라고 부르는 말린 물고기는 참서대로, 서대류 역시 구분하기가 어렵다. 크기가 같을 경

넙치(위)와 문치가자미(아래) ⓒ김병직

우 참서대 옆줄에 있는 비늘의 수가 박대보다 적으니, 상대적으로 참서대가 박대보다 비늘이 큰 것으로 간단히 구별하기도 한다.

값싸지만 맛은 최고

넙치는 식감이 좋고 맛이 담백하여 최상의 횟감으로 치는 고급 어종이다. 값이 만만치 않아 한때 서민들은 맛보기도 어려울 만큼 귀하신 몸이었다. 그러나 돈 되는 것이라면 뭐든지 해내는 우리 수산 양식 기술자들이 인공종묘를 개발해 대량 양식에 성공함으로써 조피볼락과 함께 이제는 누구나 손쉽고 저렴하게 즐길 수 있는 '국민 횟감'이 되었다. 그렇다고 맛까지 싸구려가 되었다고 하면 넙치가 몹시 자존심 상할 것이다. 특히 미식가들은 넙치의 담기골살(일본말로는 엔가와라고 한다)을 진미로 친다. 담기골살이라 함은 등지러미와 배지느러미를 받치고 있는 담기골에 붙은 살을 말하는데, 날갯살 또는 배받이살이라고도 부른다. 담기골살 속에는 다른 부위보다 콘드로이틴과 고도 불포화지방산이 많아 맛이 고소하다. 또, 지느러미 움직임이 많은 부위이다 보니 살이 탱탱하고 쫄깃하여 씹는 식감을 즐기는 한국인의 입맛을 사로잡을 만하다.

횟감으로는 너무 큰 것보다 2~3킬로그램 정도인 것이 적당하며, 표면이 매끄럽고 살이 투명하며 흰색이어야 신선하다. 측편형인 넙치는 보기와 달리 총 무게에 비해 포로 떠지는 살이 방추형인 우럭보다 더 많아 경제적이다. 회를 치고 남은 뼈는 매운탕보다는 싱건탕으로 먹길 권한다. 이때 미역을 넣어보시라. 예로부터 임산부의 산후조리에는 미역국에 넙치를 넣어 끓여 먹는 것을 제일로 여겼다는 것을 생각해보면 그 이유를 짐작할 수 있을 것이다.

외모지상주의를
정면으로 돌파하다

아귀

입이 몸의 절반을 차지하는 괴상한 물고기. 예전에는 어부가 잡자마자 뱃전 너머로 던져 '물텀벙'이라고 불린 못생긴 물고기. 바로 겨울철 별미인 아귀에 대한 설명이다. 그런데 우리는 아귀에 대해서 얼마나 알고 있을까?

아귀의 모습은 마치 영화 속 갱gang을 떠오르게 한다. 몸과 머리는 납작하고 입은 유난스럽게 크며, 아래턱이 위턱보다 튀어나와 있다. 입에는 굵고 뾰족한 이빨이 크고 작은 빗 모양으로 촘촘히 나 있는데, 그 날카로운 이빨로 먹이를 한 번 물면 절대로 놓아주지 않는다고 한다. 둔해 보이고 움직임이 없다고 해서 만만히 볼 상대가 아닌 이유이다.

아귀는 수심이 깊은 바다 밑바닥에 살면서 거의 움직이지 않는다. 몸색깔도 주변의 모래펄 색깔에 맞게 바꾸어 가만히 있다가 작은 물고기들이 가까이 오면 그 순간 큰 입을 벌려 통째로 삼켜버린다. 그래서 아귀를 잡고 보니 배 속에 값비싼 생선이 고스란히 들어 있어 횡재하는 경우도 있다. 이 때문에 '아귀 먹고 가자미 먹고'라는 속담이 생겼단다. 일거양득이란 뜻이다. 게다가 한 번에 자기 몸의 3분의 1 크기인 먹이를 꿀꺽 삼키는 대식성 때문에 탐욕과 욕심의 상징으로도 통한다.

낚시하는 물고기

아귀의 입 바로 위, 즉 머리 앞쪽에는 가느다란 안테나 모양의 돌기가 있다. 등지느러미의 첫 번째 가시가 변한 것으로 그 끝부분이 주름진 흰 피막으로 덮여 있는데, 이것을 좌우로 흔들어서 먹이를 유인한다. 그래서 일명 '낚싯대'라고 부른다. 아귀는 헤엄치는 속도가 매우 느려 물고기를 쫓아가서 잡을 수가 없다. 그래서 바닥에 납작 엎드린 채 유인 돌기를 미끼처럼 흔들어 먹잇감을 유인하는 것이다. 다른 물고기가 이 유인 돌기를 먹잇감으로 알고 가까이 접근하면 순간적으로 입을 쩍 벌려 한입에 삼켜버린다.

정약전 선생은 『자산어보』에 아귀를 '낚시하는 물고기'라는 뜻으로 '조사어釣絲魚'라고 기록했다. 실제로 바다 깊은 곳에서 아귀가 먹잇감을 사냥하는 장면을 관찰할 만한 잠수 장비도 없었을 그 옛날 선생의 통찰력이 놀랍다. 서양에서 아귀를 '낚시꾼 고기anglerfish'라고 부르는 것도 같은 맥락일 것이다.

아귀는 방언으로 아구, 물텀벙, 아구어라고도 불리며, 한자로는 안강어鮟鱇魚라고 쓴다. 한자 '안'과 '강'은 모두 아귀를 말하는데, 서해와 같이 조류가 강해 물살이 센 해역에 설치해 아귀처럼 입을 벌려 떠밀려 오는 물고기를 잡는 어구를 안강망이라고 한다.

아귀라는 이름은 불교의 육도六道 중 아귀도에서 유래된 것으로 알려

바다의 포식자 아귀

져 있다. 사람이 죽으면 여섯 가지 세상으로 가게 되는데 천상도, 인간
도, 아수라도, 축생도, 아귀도, 지옥도가 그것이다. 생전에 음식에 욕심
이 많거나 인색하여 보시를 하지 않았거나 남의 보시를 방해했던 자는
아귀도에 떨어져 배고픔과 목마름의 고통을 겪는다고 한다. 아귀는 배
가 산만큼 크지만 목구멍은 바늘구멍 같아 늘 배고픔의 고통에서 헤어
나지 못하며, 몸은 해골처럼 야윈 데다 벌거벗은 채로 뜨거운 고통을
받고 있기 때문에 늘 목이 말라 있단다.

일상생활에서도 아귀라는 말을 종종 쓴다. 염치없이 먹을 것을 탐하는
사람을 아귀라고 하고, 서로 자기 욕심만 채우고자 악착스레 다투는

것은 '아귀다툼'이라고 하며, 게걸스럽게 먹는 사람을 보고는 '아귀처럼 먹는다'라고 한다. 음식을 너무 탐하면 굳이 죽어 아귀도에 떨어지지 않더라도 살아생전 비만이라는 벌을 받게 되는 것은 아닐까?

또 다른 설로는, 아귀가 큰 턱과 큰 위를 가지고 있어 '악顎'과 '위胃'가 합쳐진 '악위'에서 이귀로 바뀌었다는 주장도 있다.

산란기에는 암컷 비율이 늘어

아귀는 아귀목 아귓과에 속하는 바닷물고기로, 우리나라에는 아귀와 황아귀, 그리고 용아귀가 서식하는데 우리가 자주 볼 수 있는 것은 대부분 황아귀이다. 아귀(학명 *Lophiomus setigerus*, 영명 Black mouth angler)는 가슴지느러미 위쪽에 돋아 있는 어깨가시 끝이 갈라져 있고 혀의 앞부분에 흰색 반점이 있으며 뒷지느러미 가시뼈가 5~7개인 반면, 황아귀(학명 *Lophius litulon*, 영명 Anglerfish)는 어깨가시 끝이 갈라지지 않고 뾰족하고 혀의 앞부분에 흰색 반점이 없으며 뒷지느러미 연조 수가 8~9개인 것으로 구별할 수 있다.

근래 상업적으로 중요한 수산자원의 감소로 인해 아귀류 역시 고가 어종으로 부각되어 상업적 가치를 인정받고 있다. 아귀류는 큰 입을 가진 포식자로서 생태학적으로도 매우 중요한 위치에 있다.

제주도 부근의 동중국해에 서식하는 황아귀 암컷의 생식소 발달 단계를 조사한 결과 산란기는 2~4월로 추정되며, 난소에 들어 있는 알의 수는 30만~180만 개로 크기가 클수록 알의 수도 기하급수적으로 증가한다. 따라서 자원 관리 측면에서 알을 많이 낳을 수 있는 큰 개체의 어미를 보존해야 할 것이다. 알을 낳을 수 있는 성숙 체장은 암컷 48.5센티미터, 수컷 34.7센티미터로 2~3세 나이의 개체에 해당한다. 수명은 암컷이 8세, 수컷은 5세 정도로 밝혀졌는데, 우리나라에서 나는 다른 어류에 비하여 오래 사는 편이다. 암수의 성비는 6 대 4로 산란기에는 암컷의 비율이 66~81퍼센트로 늘어난다. 아마도 수정의 기회를 더 가지려는 종족 번식의 본능이 아닐까? 물고기 스스로도 생존을 위해 이토록 노력하는데 최상위 포식자인 우리 인간은 과연 어떤 배려를 하고 있는지 반성해본다.

마산 혹부리 할머니 손에서 탄생한 아귀찜

아귀 요리 중에서 가장 널리 알려진 것은 아귀찜이다. 아귀찜은 마산에서 시작되었는데, 한 맛칼럼니스트는 다음과 같이 아귀찜의 유래를 전한다.

50여 년 전 마산 부둣가 옆 오동동에는 선술집이 즐비했다. 이 오동동에 장어국을 팔던 혹부리 할머니가 있었다. 왼쪽 턱 밑에 혹이 있어 그렇게 불렸다는데, 그 할머니 집이 초가여서 사람들은 '할매집', '혹부리 할매집' 또는 '초가집'이라 했다. 어느 겨울날, 혹부리 할머니는 겨울 찬 바람을 맞고 얼었다 녹았다 하며 바싹 마른 아귀가 초가집 흙벽 옆에 뒹구는 것을 발견했다. 이를 본 할머니는 된장과 고추장을 반반씩 섞은 다음 마늘, 파 따위를 넣은 양념을 발라 쪘다. 북어찜 요리법을 아귀 요리에 적용한 것이다. 할머니가 먹어보니 맛이 괜찮았고, 단골들에게 술 안주로 권했다고 한다. 이렇게 해서 '아귀찜'이 탄생했다는 이야기이다. 생긴 모습과 달리 아귀는 맛이 좋다. 엄동설한의 1~2월이 제철로 무, 파 등의 채소와 함께 끓여낸 아귀탕은 최고의 맛을 선사한다. 검고 물컹물컹한 껍질을 씹었을 때 느껴지는 쫄깃하고 묘한 식감에 흰 살은 담백하면서도 맛있다. 저지방에 콜라겐 성분이 풍부해 건강에도 좋다. 특히 간은 세계 3대 진미의 하나인 푸아그라(거위 간)에 뒤지지 않을 정도로 맛 좋고 영양가도 높아 겨울철 추위를 이겨내게 해주며, 노화 방지와 성인병 예방에 좋다고 한다.

또 다른 '물텀벙' 물메기와 꼼치

아귀가 괴물처럼 생긴 데다 살이 물컹물컹하고 특별히 맛이 있는 생선

위에서부터 물메기, 꼼치, 황아귀 ⓒ김병직

이 아니기 때문에 옛날에는 그물에 걸리면 바로 버렸다고 한다. 이때 아귀가 물에 떨어지면서 텀벙 하고 소리가 난다고 해서 '물텀벙'이라고 불렀다.

아귀처럼 그 생김새가 못나서 물텅벙으로 불린 또 다른 물고기가 있다. 바로 물메기와 꼼치이다. 물메기(학명 *Liparis tessellatus*, 영명 Cubed snailfish)는 쏨뱅이목 꼼칫과의 바닷물고기로, 꼼치(학명 *Liparis tanakai*, 영명 Tanakas snailfish)를 비롯하여 분홍꼼치, 아가씨물메기, 보라물메기, 노랑물메기, 미거지, 물미거지 등의 사촌뻘이다. 등지느러미와 배지느러미가 꼬리지느러미와 붙어 있으면 물메기, 분리되어 있으면 꼼치이다. 『자산어보』에는 '헤매게 할 미迷'에 '일 시킬 역役' 자를 써서 물메기를 '미역어'라 적었는데, 이를 보면 정약전 선생도 이 물고기를 어디에 써먹어야 하나 하는 의문을 가졌던 듯하다.

우리나라 서해에서는 주로 꼼치가 잡히는데, 녹아내릴 듯이 흐물흐물한 살집에다 입을 헤 벌리고 있는 것이 둔하기 짝이 없는 생김새이다. 그래서 이놈이 잡히면 어부들이 재수가 없다며 다시 바다에 던져버렸다 한다. 옛날 사람들 눈에는 꼼치 또한 어지간히 못생겨 보였나 보다. 꼼치는 지역에 따라 '곰치'라는 방언으로 불리기도 하는데, 사실 곰치는 전혀 다른 물고기이다. 곰치는 뱀장어목에 속하여 뱀장어처럼 몸이 가늘고 길어 암초 사이에 숨어 살면서 예리한 이빨로 먹이를 물어뜯는 흉포한 놈이다.

하나 생긴 것과 맛은 별개이다. 꼼치는 먹는 방법도 다양해서 국, 탕, 찜은 물론 심지어 회로도 먹을 수 있다. 옛 문헌에 "살은 매우 연하고 뼈가 무르며 맛은 싱겁지만 술병을 고친다"라고 기록되어 있는 것을 봐서는 예로부터 해장국으로 이용되어 왔음을 알 수 있다. 꼼칫국은 지역에 따라 물메기탕, 메기탕, 곰칫국으로 혼용해 불린다. 겨울철, 술 뒤끝이라 뭘 씹기조차 힘들 때 무를 썰어 넣은 꼼칫국보다 나은 해장 국이 어디 있으랴.

자연과 인간 사이에서
적색경보를 울리다

뱀장어

뱀장어 하면 그 맛있다는 고창 선운사 풍천 장어를 떠올리는 사람들이 많다. 풍천 장어라 하니, 풍천이 고창에 있는 강의 이름인가 싶겠지만 그곳에 있는 강의 이름은 사실 인천강이다. 풍천風川은 우리나라 서·남해에서 강물과 바닷물이 만나는 하구, 즉 바람이 살랑살랑 부는 기수역을 일컫는다. 서해안에 인접한 강이나 하천은 조석 간만의 차가 크고 밀물·썰물 변화에 의해 물 흐름이 바뀌며 해풍과 육풍이 교대로 부는데, 이걸 두고 이곳에 서식하는 장어가 바닷물과 함께 바람을 몰고 온다 하여 풍천 장어라고 하는 것이다.

바닷물과 강물이 만나는 하구에는 육지로부터 유입된 영양염류가 많고, 담수종과 해수종의 플랑크톤이 함께 서식하여 먹이가 풍부하다. 또, 수온 차가 크고 들물과 날물에 따른 물의 흐름 차이도 크다. 그래서 이곳에서 자란 풍천 장어는 육질이 좋고 영양이 최고라 하여 뱀장어 중에서 최고로 친다. 그야말로 여름 보양식의 대표 격이다.

이렇게 인기 있는 어종이지만 뱀장어의 자세한 생태는 오랫동안 베일에 싸여 있었다. 심지어 아직까지도 완전한 양식이 불가능하고, 새끼인 실뱀장어를 잡아 기르는 상황이다. 그렇다 보니 자연 환경의 변화가 어획량에 그대로 직결된다. 하구 개발의 악영향으로 어획량이 감소하고 있는 지금 우리에게 시사하는 바가 크다. 아이러니하게도 생애의 미스터리함이 자연 환경의 위기를 알려주는 경보로 작용하게 된 셈이다.

먹장어는 장어가 아니다

뱀장어는 뱀과 장어가 합쳐진 이름으로 장어長魚는 긴 물고기를 말한다. 그러니까 뱀장어란 '뱀처럼 긴 물고기'란 뜻이다. 지방에서는 민물장어, 드물장어, 구무장이, 궁징어, 밈장어, 배무상우, 배암장어, 뱀종어, 장어, 짱어, 비암치, 참장어 등으로 불리고 있다. 전남 고흥 지방에서는 늦은 가을 펄 속에서 잡히는 맛좋은 뱀장어를 '뻘두적이'라고 부른다.

영어권에서는 '일eel'이라고 부르는데, 원주민이 장어를 부르던 이름을 그대로 쓴 것이라고 한다. 일본에서는 '우나기ウナギ, 鰻'라 부른다. 이름의 유래에 대해서는 정설이 없으나 뱀처럼 구불거리며 기어가는 것을 우네루うねる라 하므로 그 말이 변하여 우나기가 되었을 것으로 추측한다. 중국에서는 만리鰻鱺, 바이산白鱓이라고 부른다.

일반적으로 우리가 장어라 부르는 물고기에는 여러 종류가 포함되어 있다. 보통 민물장어로 불리는 뱀장어(학명 *Anguilla japonica*), '아나고'라고 불리며 횟감으로 즐겨 먹는 붕장어(학명 *Conger myriaster*), '하모'라고 불리며 여수에서는 육수에 살짝 데쳐 먹는 '하모 유비키(갯장어 포 데침)'로 유명한 갯장어(학명 *Muraenesox cinereus*), 그리고 포장마차 연탄불에 즐겨 구워 먹던 '꼼장어'라고 불리는 먹장어(학명 *Eptatretus burgeri*)가 그것이다. 뱀장어, 붕장어, 갯장어는 척추가 딱딱한 경골어류인 데 반

해, 먹장어는 입이 흡반 형태에 눈이 퇴화된 원구류圓口類로 겉모양은 장어와 비슷하나 분류학상으로 그 종류가 다르다.

제주도 천지연폭포에 서식하는 무태장어(학명 *Anguilla marmorata*)는 1978년 천연기념물 258호로 지정되었다. 이 무태장어는 뱀장어보다 크고 몸에 암갈색 구름무늬와 작은 반점이 있는 것이 특징이다. 그러나 이후 남해안 일부에도 살고 있음이 확인되고 양식용으로도 수입되면서, 2009년 6월에 천연기념물에서 지정 해제되었다. 다만 천지연의 서식지는 계속 천연기념물로 보호되고 있다.

무선 추적기로 산란장 밝혀내

뱀장어는 민물에서 자라다가 산란할 때가 되면 깊은 바다로 회유하는데, 바닷물에 적응하기 위하여 2~3개월 동안 강어귀에 머물다가 가을에 먼 바다 산란장으로 이동한다. 이와 같이 뱀장어는 성어기 대부분을 민물에 살기 때문에 흔히 '민물장어'라 부른다. 뱀장어처럼 바닷물과 민물을 오가는 왕복성 어류는 환경 변화에 적응해야 살 수 있다. 해수의 염분율이 담수보다 높기 때문이다. 김치를 담글 때 배추를 소금물에 절이면 축 늘어지는 것을 생각해보면 알 수 있다. 다행히 뱀장어는 삼투압 조절이라는 생리 적응을 통해 이와 같은 상황을 이겨낸다.

민물에서 자란 뱀장어는 자신이 태어났던 먼 바다의 산란장을 어떻게 찾아갈까? '오로지 감각과 본능을 내비게이션 삼아 헤엄쳐 간다'라고 하는 것은 과학적이라 할 만한 설명은 아니다. 이제까지는 뱀장어가 심해의 바닥을 따라가는 줄 알았으나 최근 뱀장어에 무선 추적기를 달아 인공위성으로 추적한 결과, 낮에는 천적을 피해 수심 500~900미터의 깊은 곳을 헤엄치다 해가 지면 수심 100~300미터의 비교적 얕은 곳으로 이동하는 것이 밝혀졌다. 그렇지만 약 3,000킬로미터나 떨어진 산란장을 어떻게 찾아가는지, 구체적인 이동 경로는 아직도 숙제로 남겨져 있다. 해저산맥 때문에 교란된 지자기와, 염분과 수온이 다른 해류가 만나는 독특한 심해 바닷물을 감지하여 '그곳' 산란장을 찾는다는 설이 있을 뿐이다.

산란장으로 이동하는 6개월 동안 뱀장어는 아무것도 먹지 않기 때문에 위와 장이 퇴화해 거의 보이지 않고 그 빈자리를 생식소가 채운다. 그렇게 필리핀 동쪽, 괌 서쪽에 있는 세계에서 가장 깊은 마리아나 해구 북쪽의 마리아나 해저산맥으로 향한다. 산란할 때가 되면 암컷은 눈에 띄게 배가 부푼다. 수컷은 그보다 조금 작다. 수온이 25~27℃로 따뜻한 4월~8월 사이, 수심 160미터쯤 되는 해저 산봉우리에서 달도 없이 캄캄한 그믐밤에 떼로 모여 산란을 하는 것으로 추측된다.

애초 심해어였다가 경쟁을 피해 육지의 담수로 피신해 살다가, 죽을 때가 되면 고향인 심해로 돌아와 알을 낳고 자손을 번식하여 마지막

할 일을 다하는 것이다. 모든 것을 쏟아낸 어미 뱀장어는 커다란 눈과 꼬리만 남아 처음 바다로 떠날 때보다 몸무게가 5분의 1로 줄 정도로 수척해진다. 이렇게 종족 번식의 사명을 다한 어미들은 산란 후 죽는 것으로 알려져 있다. 바다에 살다 강에 와서 알을 낳고 최후를 맞는 연어와는 정반대이다.

댓잎뱀장어에서 실뱀장어로

이러한 신비로운 생활사 때문에 20세기 초부터 뱀장어의 생태에 대해 다수의 연구가 수행되었으나 많은 부분이 밝혀지지 않은 채 미스터리로 남아 있었다. 한국을 비롯해 중국과 일본의 강에 사는 동북아 뱀장어의 산란장이 어렴풋이 밝혀진 것은 1990년대에 들어서이다.

일본 도쿄대학교 해양연구소는 20여 년 동안 태평양 일대를 뒤진 끝에 지난 1991년 필리핀 동쪽 해역에서 뱀장어 치어 수백 마리를 잡는 데 성공했다. 이 연구소의 쓰카모토 교수는 필리핀과 마리아나 해저산맥 사이의 서북 태평양을 뱀장어 산란장이라고 추정하는 논문을 《네이처》에 발표해 세계의 주목을 받았다. 이어 2006년에는 3일 된 난황을 가진 새끼를, 2008년엔 알을 품은 성어를, 그리고 2009년에는 알과 성숙한 뱀장어를 수심 신년성에서 발견함으로써 산란징을 일 수 없있

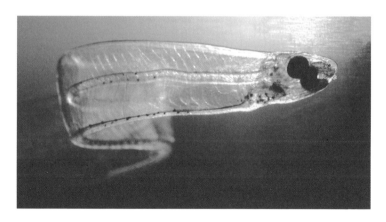

납작하고 투명한 댓잎뱀장어

던 뱀장어 생태의 베일을 벗겼다. 나도 2006년에 해양 조사선 하쿠호

마루 호를 타고 태평양 한복판에 있는 마리아나 해산을 누볐던 기억이

난다.

동북아산 뱀장어는 북위 15도 동경 140도 부근의 마리아나 해산 서쪽

태평양에서 태어나 새끼일 때는 투명한 대나무 잎(유럽에서는 버들잎이

라고 표현한다) 모양의 댓잎뱀장어leptocephalus 형태로 북적도 해류를 따

라 서쪽으로 이동한 후 쿠로시오 해류를 따라 6~12개월 동안 약 3,000

킬로미터의 끝없는 여행을 한다. 그러다가 대륙사면에 이르면 납작했

던 몸이 원통형의 실뱀장어glass eel로 바뀌고 그 모양으로 한국과 중국,

일본의 연안으로 들어온다. 자기 어미가 자란 민물로 강을 따라 거슬

러 올라가는 이 같은 모천회유母川回遊는 신비에 가깝다. 게다가 댓잎뱀

원통형의 실뱀장어

장어에서 실뱀장어로 변태할 때는 7~8센티미터이던 몸길이가 5~6센
티미터로 오히려 줄고 모양도 완전히 달라진다. 그래서 옛날에는 댓잎
뱀장어와 실뱀장어를 다른 종으로 분류하기도 하였다. 댓잎뱀장어는
대륙사면 밖에서만 채집되며, 특히 변태 과정의 댓잎뱀장어는 동중국
해의 수심 1,000미터보다 깊은 곳에서만 몇 마리가 채집되었을 뿐이
다. 이 같은 자료 부족 때문에 뱀장어 유어의 대륙사면 변태기와 대륙
붕 회유기의 생태는 아직 자세히 밝혀지지 않았다.

태평양에서 부화한 뱀장어 새끼는 북적도해류와 쿠로시오 해류가 만
나 염분이 다른 경계면을 따라 이동하여 우리나라 하구로 회유한다.
이와 같이 동북아산 뱀장어 유생은 몇만 년 동안 해류를 이용하여 효
율적으로 살아남았고 현재의 회유 형태를 형성한 것으로 이해된다.

그런데 얼마 전 연구에서, 해에 따라 변하는 염분 전선의 위치와 무역풍에 따른 해수 유동 패턴이 동북아산 뱀장어의 자원량을 바꿔놓는 것으로 밝혀졌다. 태평양 적도 부근에는 폭이 넓은 북적도해류가 항상 동에서 서로 흐르고, 필리핀 근해에서는 쿠로시오 해류와 이와 반대 방향으로 흐르는 민다나오 해류로 나누어진다. 만약 뱀장어 유생이 남쪽으로 치우쳐 있으면 동북아산 뱀장어가 서식하지 않는 민다나오 해류역으로 흘러가버리고, 훨씬 북쪽에 있으면 유속이 아주 느리기 때문에 댓잎뱀장어에서 실뱀장어로 변태한 뒤 육지로 회유하는 시기를 놓쳐버리게 된다.

1998년에는 엘니뇨 때문에 전선의 위치와 해수 흐름이 바뀌어 많은 치어가 쿠로시오에 이르지 못했고, 이에 따라 실뱀장어 어획량도 감소했다. 평상시 북위 15~16도에 있던 염분 전선이 엘니뇨가 발생할 때에는 적도 쪽으로 이동하는 탓에, 뱀장어가 염분 전선 남쪽에서 산란해 쿠로시오 해류에 편승하지 못했기 때문으로 볼 수 있다. 즉, 엘니뇨 같은 지구적 기상 변동으로 바다 환경이 달라지면 실뱀장어가 동아시아로 돌아오는 패턴에 변화가 생길 수도 있다. 실뱀장어 어획량을 예측하기 위해서는 치어 회유기 동안 염분 전선의 위치 확인과 북서태평양 해류 양상을 조사할 필요가 있음을 뜻한다.

여름철에 활발, 겨울철에는 진흙 속에 은둔

뱀장어는 성장에 따라 이름이 달라지는데, 부화 직후부터 어미 뱀장어가 될 때까지 각각 댓잎뱀장어, 흰실뱀장어, 흑실뱀장어로 부르고 있다. 대륙사면에 이르러 댓잎뱀장어에서 변태한 실뱀장어는 대만 및 일본 남부 도서에서는 12월부터, 제주도 및 양쯔강 하구에서는 1월, 남해안은 2월, 서해 연안에서는 3월부터 약 세 달에 걸쳐 강오름 하는데, 남쪽일수록 빠르고 북쪽으로 갈수록 늦다. 이때부터 몸에 색소가 형성되기 시작한 새끼 장어^{elver}가 실처럼 가늘고 길다고 해서 '실뱀장어'라고 부른다.

자연산 뱀장어는 등이 아주 검지 않고 약간 누르스름하며 배 쪽도 약간 노란색을 띠는 반면 양식산은 등이 검고 배 쪽이 흰색으로 자연산과 구분된다. 몸길이가 35센티미터가 되어야 암수 구별이 가능하기 때문에 부화 후 2년까지는 암수 구별이 어렵다. 물고기는 난생이라 생식기가 겉으로 드러나지 않기 때문에 성을 감별하려면 배를 가르고 생식소를 봐야 한다. 특히 뱀장어는 초기 단계에서 성 분화가 결정되지 않는 종이다. 그래서 1년생 이전의 어린 개체는 눈으로 성을 구분할 수 없어 조직 관찰을 해야 하고, 그 이후에 육안 관찰로 구분이 가능하다. 수컷의 생식소는 구슬을 꿰어놓은 듯한 모습이고 암컷은 플레어스커트 끝자락에 달아놓은 레이스 같은 형태이다.

뱀장어는 여름철(수온 20~32℃)에는 새우, 게, 곤충까지 잡아먹는 등 활발하게 먹이 활동을 하지만, 수온이 내려가면 식욕이 줄고 10℃ 이하에서는 거의 먹지 않는다. 겨울철에는 아예 진흙 속에 묻혀 지낸다. 이렇게 민물에서 평균 5~7년(우리나라에선 최대 17년생까지 발견되어 민물에 머무는 시간은 이보다 더 긴 것으로 추정된다)간 생활하다가 성숙하면 바다로 내려가 산란한 후 죽는 것으로 알려져 있다. 민물에서 6년쯤 살면 배 부분이 노랗게 되어 황뱀장어yellow eel가 된다. 황뱀장어는 가을이 되면 강 하구에서 두세 달 머물며 바다에 적응하는 연습을 한다. 이때 아무것도 먹지 않으며 눈과 지느러미가 커지고 몸 색깔은 밝은 은색으로 변한다. 그렇게 은뱀장어silver eel로 변신한 뒤 10월~11월 늦가을이 되어 찬바람이 일기 시작하면 멀디먼 산란장으로 이동한다. 그래서 어민들은 은뱀장어를 '바람장어'라고도 부른다.

완전 양식 안 돼 새끼 잡아서 키워내

현재까지 뱀장어 양식은 전적으로 하구에서 채집한 실뱀장어 공급에 의존한다. 물고기를 양식하는 경우 일반적으로 어미로부터 인공적으로 알을 짜내 부화시켜 종묘, 즉 물고기 새끼를 만든다. 그러나 뱀장어는 아직 인공종묘가 대량생산되지 않아서 하구로 올라오는 자연산 실

금강 하구에 어선이 줄지어 실뱀장어를 잡아올리고 있다.

뱀장어를 잡아 키운다. 이를 양만養鰻이라고 한다.

그런데 1980년대 이후 아시아, 유럽, 아메리카 등 온대산 실뱀장어 자원이 90퍼센트 이상 줄었다. 이에 실뱀장어를 아시아에 수출하던 유럽연합은 2009년부터 수출을 규제하고 있다. 세계 뱀장어의 절반을 소비하는 일본을 비롯해 중국, 한국 등은 자국 실뱀장어 어획량이 감소한 데다가 수입량까지 줄어 뱀장어 양만에 큰 어려움을 겪고 있다. 우리나라의 수요를 충족하려면 실뱀장어가 연간 16톤 정도 필요한데 2011년에 잡힌 양은 2톤에 불과했고 수입량도 6톤에 그쳤다. 사 올 실뱀장어가 없는 것이다. 그래서 실뱀장어 가격은 나날이 오르고 있다. 1980년대 중반 킬로그램당 수십만 원 하던 것이 1990년대 들어 100만

원이 넘었다. 1990년대 중반에 500만 원 이상으로 올랐으며 1997년에는 1,000만 원을 넘어 당시 금값(킬로그램당 1,200만 원)과 비슷해졌다. 1998년에는 그것마저 물량이 부족해, 실뱀장어를 잡는 막바지 시기인 5월에는 1킬로그램에 1,500만 원을 주고도 구하기 어려웠다. 문을 닫는 양만장과 식당이 생길 수도 있어 뱀장어 산업 자체가 위험한 상황에 처한 셈이다. 뱀장어는 2009년 우리나라 내수면 양식 총생산액의 58퍼센트, 생산량의 26퍼센트를 차지하는 중요 양식 어종이었다.

이에 따라 뱀장어 연구의 세계적 권위자인 도쿄대학교 쓰카모토 가쓰미 교수는 "유럽 뱀장어처럼 동아시아 뱀장어도 멸종할 가능성이 우려되는 최근의 상황에 따라 긴급회의를 열어 행동 강령을 만들자"라고 제안했고 일본, 중국, 대만, 한국 등 동아시아 4개국이 해마다 가을에 열던 동아시아뱀장어자원위원회EASEC가 2012년에는 3월에 긴급하게 열렸다. 이 정도면 우리나라뿐 아니라 국제적으로 심각한 상태인 것이 분명하다. 이제 정부, 학계, 산업계, 어업인 모두가 공동 대응을 할 때이다.

뱀장어 맞춤형 어도가 필요하다

금강 하구에서 40년 넘게 실뱀장어를 잡고 있는 서병안 씨는 "하굿둑이 없던 1970년대엔 하루에 1만 마리까지도 잡았는데, 요즘은 그 큰 그물에 수십 마리밖에 안 걸린다. 하구를 둑으로 막아놓아 실뱀장어가 올라가기가 어렵다. 어미가 없는데 어떻게 새끼가 올라오겠나?"라고 말한다. 지나치게 잡는 남획도 자연산 뱀장어 감소의 원인이겠으나, 서식처가 줄어드는 것도 사실 큰 원인이다. 하구마다 둑이 건설되어 실뱀장어가 바다에서 강으로 올라오는 길이 막히니 자연산 뱀장어 양이 줄어들게 되는 것이다. 동시에 바다로 나가 산란해야 하는 친어(어미 뱀장어)도 강내림을 못하는 탓에 산란 양이 줄어버리니, 이듬해 하구로 돌아오는 실뱀장어 양도 줄어드는 악순환이 반복되고 있다.

홍수 조절과 농·공업용수 이용 같은 인간의 편의를 위해 댐을 건설하는 하구를 개발할 때, 물의 흐름을 차단하여 수서동물의 이동을 방해하게 될 경우 어도魚道를 설치하도록 되어 있다. 그런데 어도를 이용할 생물의 생태와 행동을 고려하지 않고 설치한 경우가 대부분이고 설치 후에도 관리를 제대로 하지 않아 제 기능을 하지 못하는 경우도 많다. 우리나라 하구에 있는 어도는 "흐르는 강물을 거꾸로 거슬러 오르는 연어들"처럼 힘이 센 어류를 대상으로 설계되어 있다. 그러나 대다수의 하구가 있는 서·남해안은 조차가 커 물의 흐름이 세고, 이 지역의 어도를 이용해야 하는 왕복성 어류는 대부분 유영력이 약한 어린 물고기나 실뱀장어처럼 기어오르는 어종이라 현재의 어도를 올라가기 어려운 상황이다.

프랑스, 캐나다, 미국 등지에서는 실뱀장어의 경우, 이동력이 약하기 때문에 뱀장어 어도를 별도로 설치하는 노력을 기울이고 있다. 양만에 필요한 종묘를 자연산 실뱀장어에 의존하는 현실에서 우리도 생태 어도를 설치하여 실뱀장어가 수월하게 강오름을 할 수 있게 하는 것이 실뱀장어 자원을 회복하기 위한 환경 진화적 방안일 것이다.

나 역시 이를 위해 실험실에서 실뱀장어가 소상溯上하는 하구와 하굿둑 및 어도를 재현하여 어도의 바닥 재질, 경사도 및 유속 등에 따른 실뱀장어 행동을 관찰 실험하어 어도 개선 방안을 제시한 바 있다. 실뱀장어는 하구의 조류를 이용하여 조류가 육지 쪽을 향할 때 물을 따라 이동하고, 반대 방향일 때는 펄 속에 들어가 있는 것으로 알려져 있다. 내가 하구에서 실뱀장어 어획량에 영향을 미치는 요인을 연구한 결과, 실뱀장어 소상은 보름이나 그믐의 사리 때 야간의 수온, 염분, 풍속 및 날씨 변동과 관련이 있는 것으로 밝혀졌다. 이와 같은 생태 연구 결과를 이용하여 기존 어도의 수문을 잘 조절하면 실뱀장어 소상을 도울 수 있을 것으로 생각된다.

인공종묘 생산, 세계 두 번째 성공

뱀장어 종묘를 안정적으로 확보하는 궁극적인 길은 인공종묘 생산이

실뱀장어용 맞춤 어도

다. 1976년 뱀장어의 인공부화에 성공한 이후 일본을 중심으로 종묘 생산을 위한 연구에 막대한 예산을 투입하고 있으나, 아직 인공종묘를 대량으로 생산하기까지는 많은 문제가 남아 있다.

일본 양식연구소 다나카 박사 연구팀이 2001년에 1년생이 될 때까지 1,000개체 정도를 길렀으나 상업적 양산은 못 했다. 그러다가 2010년에 일본에서 뱀장어에 호르몬을 투여해 얻은 알과 정자를 수정시켜 어미 뱀장어로까지 기른 뒤 여기서 얻은 알을 실뱀장어로 키우는 '뱀장어 완전 양식'에 성공했다는 소식을 접하게 되었다. 하지만 이 또한 실험실에서의 성공일 뿐 상업적으로 이용 가능한 대량생산까지는 얼마나 걸릴지 모른다. 우리나라에서는 국립수산과학원의 김대중 박사가 뱀장어 산파역을 자처하며 일본을 따라잡기 위해 애쓰고 있다. 2012 년에는 뱀장어 유생 댓잎뱀장어를 256일 만에 양식이 가능한 실뱀장 어로 키워내, 일본에 이어 세계에서 두 번째로 뱀장어 인공종묘 생산 에 성공했고 2016년에는 드디어 우리나라에서도 완전 양식 기술 개발 을 성공하였다. 앞으로 뱀장어를 상업적으로 이용할 수 있을 정도의 대량생산을 위해서는 좋은 수정란을 공급할 수 있는 어미를 확보하고 초기 생활사 시기에 적당한 먹이를 개발해야 하는 숙제가 남아 있다.

덧붙여, 양식산 뱀장어는 수컷이 훨씬 많다는 이야기가 있다. 뱀장어 를 키울 때 일정 시간 내 빨리 키우려고 수온을 높여주는데 이 때문에 성 쏠림이 일어난다는 것이었다. 또, 일정한 면적에 최대로 많이 집어 넣고 키우는 탓에 뱀장어들이 고밀도 스트레스를 받게 되는데, 이때 수컷 호르몬과 같은 유형의 호르몬이 분비되면서 수컷이 많아진다고 도 한다.

다시 뱀장어를 찾아서

요즘 나는 공식적으로 뱀장어를 연구할 수 있는 곳에서 한 발짝 벗어 나 있다. 그런데 얼마 전 충남 서천에 낙향하여 출판 작업을 하는 후

배 홍민표가 권해준 책을 받아보고 깜짝 놀라고 신기했다. 『누가 뭐래도 아프리카』(2008, 황매)라는 일본 번역서인데, 저자 아오야마 준은 나와도 친분이 있다. 도쿄대학교 쓰카모토 가쓰미 교수 팀의 일원인 저자가 뱀장어 표본을 구하기 위해 아프리카 오지를 탐험한 일을 기록한 이 책은 뱀장어 연구자들의 애환과 감동을 이야기한다.

이 한 권의 책은 나로 하여금 잠자고 있던 뱀장어에 대한 연구 욕구를 끌어올리는 계기가 되었다. 하구 생태계 복원과 연결하여 뱀장어 자원을 회복시키려면 자원의 흥망성쇠 원인을 찾는 것이 그 첫걸음이다. 그러려면 과거 오래도록 쌓인 자료가 있어야 한다. 실뱀장어를 잡아 팔게 되면 수집상은 전표를, 채포 어민들은 영수증을 기록으로 남겨둔다는 것에 착안하여 한강, 금강, 영산강, 낙동강의 현장을 누비기로 했다. 친구 아오야마가 뱀장어를 찾아 전 세계 오지를 헤매고 다녔듯이.

뱀장어 '정력'의 비밀

우리나라 사람들은 정력에 좋다면 사족을 못 쓴다. 뱀장어 또한 스태미나 식품으로 둘째가라면 서운해할 것이다. 내가 영양학자도 의사도 아니기에 영양학적, 의학적 근거를 제시할 수는 없지만 뱀장어를 오랫동안 연구하면서 직감적으로 생각하기에 뱀장어의 여행 능력이 그 이유가 아닐까 싶다. 댓잎뱀장어 형태로 해류를 타고 장장 수개월간 수천 킬로미터를 헤엄쳐 가는 강인한 생명력! 이것 하나로도 충분히 이유가 되지 않겠는가.

실제로도 뱀장어의 힘을 느낀 일이 있었다. 강화도 한강 하구에서 뱀장어를 잡아 실험실로 운반할 때였다. 뱀장어는 보통 비닐봉지에 약간의 물과 공기를 함께 넣어 포장하는데, 뱀장어를 머리부터 거꾸로 처박아 넣고 봉지 입구를 약간 벌려 공기를 넣었다. 물론 두 손으로 봉지 주둥이를 움켜쥐고 있었다. 이때 뱀장어가 꼬리를 봉지 밖으로 밀어내기 시작했고, 손아귀에 힘을 더 주어 꽉 움켜쥐었는데도 그 힘을 당해내지 못했다. 주변의 건장한 청년 둘이 더 달라붙어 봉지 주둥이를 묶으려 했지만 결국 뱀장어는 세 명의 손아귀를 밀어제치고 빠져나가버렸다.

뱀장어는 예로부터 허약해진 몸에 먹는 약으로 전해 내려왔다. 특히 남성의 정력에 좋은 스태미나 식품으로 오늘날에도 여전히 인기를 누리고 있다. 또, 몸에 허열이 있고 쉽게 피곤할 때, 눈병이 있을 때에나 잘 낫지 않는 여자들의 음부 질환 치료에 효과가 있다고 알려져 있어 민간에서는 오래전부터 팔뚝만 한 장어를 푹 고아 먹이곤 하였다. 우리나라뿐만 아니라 중국, 일본 및 유럽에서도 보양 음식으로 즐겨 먹으며, 일본에서는 복날에 뱀장어를 먹는 관습이 있기도 하다.

식용 어류들은 대부분 회로 먹을 수 있지만 맛 좋은 흰 살 어류인 뱀장

어를 회로 먹었다는 말은 들은 적이 없다. 뱀장어의 피에 이크티오톡신이라는 독이 있어 이 독을 완전히 제거하는 것이 어렵기 때문이다. 이크티오톡신은 인간의 체내에 들어가면 중독 증상을 일으키며 눈에 들어가면 결막염을, 상처에 묻으면 염증을 일으킨다. 그러나 열을 가하면 이런 독성은 곧 없어진다.

그래서 뱀장어는 주로 다음과 같은 방법으로 구워 먹는다. 먼저 뱀장어를 도마 위에 놓고 송곳으로 아가미 밑을 찔러서 고정시킨다. 다음 등 쪽에 칼을 넣어 머리에서 꼬리 방향으로 가르고 내장을 제거한 뒤 한 장으로 펴서 등뼈를 발라낸다. 이렇게 손질한 뱀장어에 간장과 참기름을 혼합하여 만든 기름장을 골고루 발라 석쇠에서 살짝 굽는다. 고추장과 고춧가루, 파, 마늘, 생강즙, 설탕, 깨소금, 참기름을 혼합한 양념 고추장을 여러 번 발라가면서 간이 속까지 배도록 구우면 맛있는 장어구이가 된다.

뱀장어를 고를 때는 몸체가 푸른색을 띤 갈색에 육질이 단단하고 꼬리 부분이 상처를 입지 않은 것을 선택하면 좋다. 다음 휴가철에는 전국의 이름난 장어구이 집을 찾아 원기를 보양해보는 게 어떨까?

강물이 흘러야
돌아온다

복어

예로부터 우리나라에서는 복어가 성을 잘 내는 고기라 하여 '성낼 진嗔' 자를 써서 '진어'라고 불렀다. 몸에 무엇이 닿기만 하면 배가 부풀어올라 마치 풍선처럼 물 위에 떠오르기 때문에 붙인 이름일 것이다. 일본에서는 복어를 통칭하여 '후구フグ, 河豚'라고 부르는데, 산란기에 강어귀에 나타나고 놀라게 되면 배가 볼록해지는 모양과 울음소리가 돼지 같다고 하여 붙여진 이름이다. 물 위에 떠오를 때 표주박ふくべ 같다고 해서 '후구ふく, 布久'라고 부르기도 한다.

중국에서는 맛과 육질이 뛰어나다 하여 복어류를 총칭하여 '허툰河豚'이라고 하는데, 이는 '하천에 사는 돼지'라는 뜻으로 중국 음식 재료 중 돼지고기의 지위를 알면 이해할 만하다. 서양에서는 복어가 잡히면 소리를 내면서 배를 부풀려 둥근 공처럼 된다고 해서 '퍼퍼 피시Puffer fish' 혹은 '글러브 피시Globe fish'라고 한다. 복어는 열대, 아열대에 분포하며 전 세계에 100종 이상이 보고되어 있다. 우리나라에는 4개 과에 38종이 있지만 식용할 수 있는 복어는 황복, 자주복, 졸복, 검복, 까치복, 밀복, 복섬 등 10여 종에 불과하다.

그런데 문제는 이렇게 얼마 안 되는 식용 복어조차 우리는 잃어가고 있다는 것이다. 하구에 댐이 설치되어 물길을 막고, 값이 비싸다는 이유로 복어를 남획하면서 자원량이 급감하였다. 맛있는 것을 계속 먹고 싶다는 아주 원초적인 이유 때문에라도 자연과 함께하는 조화로운 삶이 필요하지 않을까.

부푸는 것은 공기주머니가 아니라 '위'

일반적으로 복어라 하면 복어목 참복과의 물고기들을 지칭한다. 복어는 배불뚝이처럼 특이한 모양을 하고 있어 한눈에 알아볼 수 있다. 알에서 막 깨어난 새끼조차 어미와 너무 닮아 이상할 정도이다. 대부분의 어류는 초기 발달 단계에서는 종 구별이 어려울 만큼 서로 비슷한데, 1센티미터도 되지 않는 어린 복어 새끼가 벌써 배를 볼록하게 만드니 말이다. 복어를 낚아 올리면 굿굿 하고 소리를 내면서 곧 배를 볼록하게 부풀린다. 자세히 보면 우리가 고무풍선을 불 때처럼 훅 하고 한 번에 부푸는 것이 아니고 굿굿 소리가 날 때마다 조금씩 부푸는 것을 알 수 있다.

복어가 배 속의 부레에 공기를 들이마셔서 부푼다고 생각하는 사람도 있을지 모르겠으나 사실은 소화기관인 위가 불룩해지는 것이다. 부레는 소화관의 등 쪽에 있는 별도의 독립된 공기주머니로서 배가 부푸는 것과는 관계가 없다.

복어는 위의 아랫부분과 십이지장을 연결하는 부분인 유문의 괄약근을 죄어 공기를 빨아들이고, 식도의 근육을 축소시켜 공기가 새지 않게 한다. 공기를 밖으로 토할 때는 식도 벽의 긴장을 풀어 입이나 아가미로 뿜어내지만 음식물은 토하지 않는다. 또, 적을 만나면 물을 삼켜 자신의 덩치를 키우는데, 이때 체중의 2배 이상되는 양의 물을 마실 수

복섬이 배를 부풀리는 모습

도 있다. 어류학자들은 20센티미터 크기의 복어가 1리터의 물을 마시는 것으로 보고하고 있다. 복어의 배가 부풀게 되는 기작機作은 아주 치밀한 것으로 보인다. 복어가 왜 배를 부풀리는지 정확히는 알 수 없으나, 학자들은 오래전부터 여러 가지 가설로 설명하고 있다. 요약하면 대체로 네 가지로 나뉜다.

첫째는 위협설이다. 적의 공격을 받았을 때 배를 부풀려서 위협한다는 것이다. 이 설은 상당히 설득력이 있어서 동물학 책에도 쓰여 있다. 적에게 대항하여 입을 벌리고 아가미뚜껑을 앞으로 세우고 지느러미나 몸의 가시를 세워 몸을 크게 보이게 하여 위협하는 동작은 다른 물고기나 육상동물에서도 볼 수 있다.

둘째는 표류설이다. 공기를 들이마셔 몸을 가볍게 하여 수면에 띄우고 바람이나 해류를 이용하여 표류하거나 이동한다는 것이다. 복어가 배를 하늘로 향한 채 머나먼 길을 여행할 것이라는 생각이 낭만적이기는 하나, 이를 뒷받침하는 관찰은 거의 보고되지 않았다.

셋째는 보조 호흡설로, 간조 때 해변 위에 남겨졌을 때 배에 담아둔 공기를 조금씩 꺼내어 호흡을 보조한다는 것이다. 그러나 물 바깥에서 호흡할 때는 직접 입을 벌려 숨을 쉴 수 있으므로 굳이 배 속에 공기를 담아둘 필요가 없다. 배 속에 담아두는 것이 공기가 아니라 물이라고 하면 다소의 설명은 될 수 있겠지만, 여기에도 사실 관찰이 부족한 편이다.

마지막으로 분수설이다. 복어가 공기 또는 물을 위 속으로 빨아들이는 것이 배를 부풀리려는 목적이 아니라 물을 강하게 입에서 뿜어내는 분수의 힘을 이용하는 어떤 습성에서 시작된 것이 아닌가 하는 것이다. 이는 복어 또는 복어와 유사한 물고기의 습성을 관찰한 결과로 나온 가설이다. 여기까지 살펴보았을 때, 복어가 배를 부풀리는 습성은 위협설과 분수설로 일단 설명될 수 있을 듯하다.

양식산에는 거의 없고 자연산에만 있는 독

맛은 달지만 독이 있다. 허약한 것을 보충해주고 습한 것을 제거하며 허리와 다리를 편하게 한다. 치질을 낫게 하고 몸 안의 벌레를 죽인다. 이 물고기에는 큰 독이 있어 맛은 비록 좋다고 하지만 조리를 잘못하면 사람이 죽게 되므로 조심해야 한다. 살에는 독이 없으나 간이나 알에는 독이 있다. 조리할 때는 반드시 피를 깨끗이 씻어 버려야 좋다. 미나리와 함께 끓여 먹으면 독을 없앨 수 있다.

_『동의보감』

종류에 따라 다소 차이가 있긴 하지만 복어는 알, 간, 내장, 근육 등에 테트로도톡신이라는 독을 가지고 있다. 독성이 청산가리의 1,000배에 달할 정도로 강하다고 하는데, 물에 녹지 않고 열에도 강하므로 보통의 조리 조건에서는 독이 없어지지 않는다. 이 독은 비교적 빨리 말초신경을 침범한다. 중독되면 30분 이내에 입술과 혀끝 등이 마비되기 시작하고, 중추신경에 퍼지면 호흡곤란을 일으켜 빠르게 치료하지 않으면 사망할 수도 있다고 한다. 다행히 복어 요리에는 자격증 제도를 두어 조리를 엄격하게 관리하고 있으니, 복어 전문 요리사가 만든 요리는 안심하고 먹어도 된다.

복어는 어떻게 몸에 독을 가지게 됐을까? 이에 대해서는 오래전부터 먹이에 의한 것인지, 체내에서 자체 합성하는 것인지를 놓고 많은 논란이 벌어졌다. 최근에는 복어의 독성이 개체 및 서식지에 따라 차이가 있는 것으로 밝혀져, 복어가 스스로 독을 만드는 것이 아니라 먹이를 통하여 독이 만들어지는 것으로 추측하는 경향이 우세하다. 이러한 사실을 뒷받침하는 또 다른 증거로 실험실에서 부화하여 양식된 복어에는 독이 거의 없다는 것을 들 수 있다. 또, 독이 있는 자연산 복어의 소화관에서 복어의 독을 가지고 있는 조개껍데기가 발견된 바가 있고 어떤 복어는 독을 가진 납작벌레를 먹이로 하는 것으로 미루어, 적어도 일부는 먹이사슬에 의하여 독이 만들어지는 것으로 추정된다.

독이 없는 양식 복어와 독이 있는 자연산 복어를 같은 수조에서 사육하면 독이 없던 양식 복어에 독이 생기기도 하는데, 물은 소통하게 하되 이 둘을 그물로 격리하면 이런 현상이 생기지 않는다고 한다. 복어의 피부에서 채취한 세균이 테트로도톡신을 만들어낸다는 것이 밝혀지기도 하는 등 접촉에 의한 감염설도 제기된다.

이러한 독성 때문에 우리나라에서는 그동안 복어 알과 간을 전부 폐기처리했다. 일본의 이시카와현에서는 복어의 난소를 쌀겨에 절여 3년 이상 발효시킨 누카즈케를 지방 특산물로 파는 데 비해 국내에서는 일부 지방에서 복어를 염장 처리하여 사용했다는 말만 전해질 뿐이었다. 그런데 최근 독 때문에 폐기되는 복어의 알과 간도 고급 수산식품으로 활용할 수 있는 방법이 개발되고 있다고 하니 반가운 일이다. 국내 한

대학에서 까치복과 참복의 알과 간을 시료로 하여 염장 숙성 기간과 알칼리 처리에 따른 독성 변화를 연구한 결과, 맹독을 품은 복어 알과 간에 30퍼센트의 식염과 2퍼센트의 알칼리를 첨가해 8주의 숙성 기간이 경과하면 테트로도톡신이 빠른 속도로 파괴된다는 사실을 밝혀낸 것이다. 이러한 연구 결과를 잘 활용하면 앞으로 폐기되는 복어 알과 간도 통조림 제품 등으로 만들 수 있을 것으로 기대가 된다.

죽음과도 바꿀 만한 맛

복어 요리는 현재 일본에서 가장 발달했으나, 즐겨 먹기로 따지면 중국의 한족을 따라갈 민족이 없다. 송나라 때의 시인 소동파는 복어 회를 먹고 그 맛을 찬양하여 "복어의 신비스러운 맛은 죽음과도 바꿀 만한 가치가 있다"라고 했단다. 복어는 단백질, 칼슘, 비타민 등이 풍부하고 유지방이 없어 고혈압, 신경통, 당뇨병에 좋고 간장 해독 작용이 뛰어나 숙취 해소에도 특별한 효과가 있다. 특히 피를 맑게 하여 피부를 아름답게 한다고 하는 최고급 명품 어류이다.

복어는 종류에 따라 독특한 맛을 지니고 있으나 일반적으로 복어 요리 중에서 최고로 치는 것은 회이다. 복어 회를 흰 접시에 얇게 저며놓은 것을 보면 마치 빈 접시처럼 보인다. 접시 바닥무늬가 비칠 정도로 얇

복어 요리의 최고봉인 복어 회

게 회를 뜨기 때문이다. 숙련된 요리사일수록 얇게 썬다고 한다. 대팻밥처럼 얇은 복어 회를 보면 본전 생각이 절로 날지도 모르겠으나 사실 복어는 육질이 질기기 때문에 두껍게 썰면 오히려 그 맛을 즐길 수가 없다. 서양에선 캐비어(철갑상어 알), 트뤼프(송로버섯), 푸아그라(거위 간 요리)를 세계 3대 진미로 꼽는데, 여기에 복어 회를 더해 4대 진미로 꼽기도 한다. 일본 시모노세키 복어수출조합에서 3년 동안이나 안전 테스트를 한 뒤 미국 식품의약국의 정식 승인을 받아 복어 회를 미국에 수출했고, 이를 맛본 미국인들이 복어 회의 기막힌 맛을 인정하여 세계 4대 진미식품으로 인정하였다는 것이다.

흔히 복지리라고 불리는 복싱건탕이나 땀을 쏙 뺄 정도의 매콤한 복매

복탕은 술꾼들에게 없어서는 안 될 최고의 해장 음식이다. 술을 마신 후 나타나는 숙취는 알코올이 분해되기 이전의 중간 대사물질인 아세트알데히드가 내장에 응어리져 붙어서 속과 머리를 아프게 하는 것으로, 이 응어리를 뜨거운 국물로 풀어내는 행위가 해장이다. 우리말에서는 창자 속 응어리가 풀리는 내부감각적 쾌감을 '시원하다'라고 하니, 복국을 먹으며 내뱉는 "시원하다!"라는 감탄사는 이 해장의 느낌을 표현한 것이라 할 수 있겠다.

이 밖에도 튀김이나 샤브샤브로 먹기도 하는데 어떤 식으로 요리하든 담백하고 개운한 맛에는 변함이 없다. 복어 지느러미는 잘 말렸다가 불에 살짝 구워서 따끈한 정종에 담가 먹기도 한다. 이렇게 만든 술을 '히레슈'라고 하는데 노란 빛깔이 돌고 특유의 향이 난다.

술의 재료에서부터 안주, 그리고 해장국까지 두루 쓰이는 복어는 이래저래 술과는 떼어놓을 수 없는 인연을 맺고 있는 생선이다. 비록 생김새는 배가 불뚝하여 볼품이 없고 독까지 가지고 있으나, 그 시원하고 담백한 맛 때문에 오래도록 사람들의 사랑을 받을 것이다.

멸종 위기에 놓인 황복

복어 중에서도 요리로 사랑받는 것은 특히 황복이다. 황복(학명

Takifugu obscurus, 영명 River puffer)은 참복과에 속하며 우리나라 서해 연안과 하구를 왔다 갔다 하며 사는 왕복성 어류이다. 바다에서 4~5년 동안 자란 후 강으로 올라와서 산란하는 독특한 생태를 보이는데, 진달래꽃이 필 무렵에 압록강, 대동강, 임진강, 한강, 금강 등 서해 쪽 하구에서 관찰할 수 있다. 산란을 위해 강으로 오르는 연어와 같이 강오름 회유종으로 분류되고 있다.

몸 색깔은 등 쪽이 짙은 흑갈색이고 배 쪽은 흰색이며 옆쪽에는 노란색 띠가 입 아래에서 꼬리자루까지 이어져 있는 것이 특징이다. 가슴지느러미 뒤쪽 위와 뒷지느러미 바닥 부위에 커다란 검은색 반점이 있어 육안으로도 쉽게 구별할 수 있다.

황복에 대한 연구는 자주복(원래 이름은 경상도 사투리로 '자지복'이었는데 어감이 어색하다 하여 1990년 '자주복'이 표준어가 되었다)을 비롯한 다른 복어의 연구에 비해 형태 분류학적인 특징과 독성에 한정된 연구 결과만 보고되었을 뿐, 인공종묘 생산을 위한 생물학적인 연구는 미미한 편이었다. 더욱이 복어는 성질이 사납고 같은 동족끼리 서로 잡아먹는 공식共食이 심해 수조 내 실험도 매우 까다롭다고 한다. 다행히 국립수산과학원에서 1995년 인공종묘 생산 기술을 개발한 뒤 1996년에 대량생산 체제를 만들었고, 매년 황복 종묘를 자연에 방류하여 자원을 늘리거나 양식 어업인에게 분양함으로써 양식 기반을 마련하게 되었다. 그 결과 황복 자원이 점차 늘었다고 한다.

문제는 이러한 노력에도 불구하고 황복이 멸종 위기에 놓인 희귀 어종이 되어가고 있다는 것이다. 강화도 서북쪽 끝으로, 교동도를 마주하고 있는 호젓한 마을이 있는데, 30여 년 전부터 황복이 많이 나기로 유명하여 '황복 마을'이라 불린다. 매년 4월부터 10월까지 한강, 임진강으로 거슬러 올라가는 황복이 이곳 강어귀를 지나가기 때문에 우리나라에서 황복이 가장 많이 나는 지역이었다. 그러나 요즘 들어서는 이 마을에서조차 황복이 귀하신 몸이 되었다고 한다. 제철인 봄(4~7월 초), 가을(8~11월)에도 마을 전체 어획량이 하루 5~10킬로그램(10~15마리) 정도일 뿐이라니 안타깝기 그지없다.

간척사업이 진행중인 영종도의 갯벌. 인간의 편의를 위한
간척사업으로 갯벌이 사라지고 생태계가 파괴된다. ⓒ임동현

황복이 줄어들고 있는 주요 이유로 하구에 제방이나 댐을 세우는 등 경제 논리로 연안을 마구잡이 개발한 것을 들 수 있다. 하천이나 강이 오염되고 생태계가 교란되어 산란장이 제 모습을 잃어가고 있기 때문이다. 게다가 그나마 산란하기 위해 올리오는 황복마저 무분별하게 남획함으로써 여전히 자원 회복이 어려운 실정이다.

강의 종착지이자 바다에서 보면 강이 시작되는 입구를 하구라고 하는데, 하구에는 평균 35psu의 짠 바닷물과 0.5psu 이하의 민물이 섞여 염분 농도가 의석된 기수汽水가 흐른다. 즉, 하구는 바다와 육지의 수서 생태계를 연결하는 통로이다. 이러한 환경적 특징은 강과 바다를 왕래하는 기수성 어류에게 매우 중요하다. 이곳에서는 민물에 사는 담수종, 바닷물에 사는 해산종, 기수에 사는 기수종, 민물과 바다 사이를 왔다 갔다 하며 사는 왕복성 회유종을 골고루 볼 수 있다. 하구는 이들의 서식처일 뿐만 아니라 알을 낳고 새끼를 키우는 곳으로 생물 다양성 보전 등 생태적 가치가 크다. 또, 강으로부터 흘러들어 온 영양염이 많아 생산력이 높고 먹이가 많으니 수산 생물도 많아 경제적 가치도 높다. 그뿐만 아니라 하구에 발달한 갯벌에는 수천, 수만 종에 이르는 다양한 동식물이 살며, 이동하는 철새들의 휴식처가 되기도 한다.

바다, 강, 하구, 갯벌이 어울려 만들어낸 자연조건과 풍부한 수산자원을 현명하게 이용하여 지속 가능한 미래 가치를 만들어내는 밑거름으로 삼았으면 한다. 앞으로도 계속 황복을 마음껏 먹기를 바란다면 이

제 자연과 함께 사는 조화로운 삶에 대해 생각해볼 때이다. 하구가 바다와 강을 연결하는 통로인 것처럼 자연과 인간이 조화롭게 서로 연결되고, 그 속에서 사람과 사람의 소통도 이루어지기를 기대해본다.

물고기의 흥망성쇠에서
대자연의 순환을 보다

꽁치·청어

동짓달 추운 겨울, 재래식 부엌 살창에는 짚으로 끈을 만들어 엮어 놓은 청어가 줄줄이 걸려 있었다. 소금도 치지 않고 내장도 빼지 않은 채로 겨우내 말렸다. 아궁이에 불을 때서 밥 짓는 동안은 그 열기에 풀렸다가 이내 겨울 추위에 굳었다. 솔가지와 솔잎 때는 동안에는 솔잎 연기에 훈제되었다. 이렇게 굳었다 녹았다를 반복하며 겨울을 나고 이른 봄이 되면 청어는 어느새 반쯤 마른 쫀득한 과메기가 된다.

이처럼 과메기는 청어나 꽁치를 짚으로 엮어 그늘에서 말린 것이다. 경북 포항과 구룡포, 영덕, 감포 지역에서 주로 만들어진다. 원래는 청어를 원료로 만들었고, 과메기의 주산지가 포항 인근 지역인 것도 과거 이곳에서 청어가 많이 어획되었기 때문이다. 그러나 1960년대 이후 청어가 잡히지 않으면서 대신 꽁치로 과메기를 만들기 시작했고 지금은 구덕구덕 말린 꽁치를 과메기라고 한다.

정확히 언제부터 꽁치가 과메기란 이름을 꿰차게 되었는지는 알 수 없다. 맛칼럼니스트 황교익에 따르면, 구룡포 사람들이 1960년대부터 꽁치 과메기를 먹었다고 하고 포항 죽도시장 사람들도 그즈음일 것이라고만 할 뿐 정확하게 고증하는 사람은 없다. 그리고 죽도시장에 대규모 덕장이 생긴 게 1980년대 말쯤 되니 포항 사람들이 과메기를 즐겨 먹기 시작한 것도 그때부터일 것이며, 과메기가 전국적으로 포항의 특산품으로 자리 잡은 것은 1990년대 중반부터라고 전한다.

과메기 대중화의 주역, 꽁치

꽁치(학명 *Cololabis saira*, 영명 Pacific saury)는 계절에 따라 지방 함유량이 달라지는데, 10~11월에 20퍼센트 정도로 가장 높다. '꽁치는 서리가 내려야 제맛이 난다'라는 옛말이 과학적으로 틀리지 않은 것이다. 그래서 과메기는 한겨울이 제철이다. 초겨울에 잡아 얼렸다 녹였다 하면서 말리는데, 반드시 그늘에서 말려야 한다. 꽁치는 기름기가 많아 햇빛을 맞으면 산패酸敗하기 때문이다. 수산물을 건조할 때 너무 추우면 살이 팍팍해져 맛이 없고 따뜻하면 상해버린다. 포항의 겨울 날씨는 바람이 많아 말리기에 좋고 그렇다고 생선이 상할 만큼 따뜻하지도 않아 과메기 제조에 지리적 · 환경적으로 적지이다.

과메기를 먹을 때는 머리를 떼고 내장과 껍질을 제거한 뒤에 초고추장에 찍어 먹거나 생미역이나 데친 미나리에 싸서 초고추장(또는 된장, 간장 등)에 찍어 먹는다. 실파를 돌돌 말거나 김치에 싸서 먹어도 좋고, 괜찮다면 그냥 먹어도 된다. 축축하고 미끈거리는 데다 비릿한 냄새까지 나기 때문에 처음 먹거나 비위가 약한 사람에게는 쉽지 않을 수도 있다. 그래도 한번 도전해볼 만한 가치가 있다. 꼭꼭 씹어 먹다 보면 쫀득하면서도 고소한 맛이 나고 한두 마리 더 먹다 보면 바로 그 맛에 빠져들게 될 테니 말이다.

과메기라는 이름은 어디서 나왔을까? 옛날 어느 겨울에 동해안에 사는

꽁치(왼쪽)와 청어(오른쪽)

한 선비가 한양으로 과거를 보러 먼 길을 나섰다고 한다. 한참을 걷다 보니 배는 고파오는데 민가는 보이지 않았다. 그러다 문득 바닷가 언덕 위 나뭇가지에 물고기가 눈이 꿰인 채로 얼말라 있는 것을 보고 배가 고픈 김에 찢어 먹었더니 그 맛이 환상이라. 뒤에 선비가 그 맛을 잊을 수 없어 겨울마다 청어나 꽁치의 눈을 꿰어 말려 먹었다는 데서, 눈을 꿰었다는 의미의 관목貫目이라는 말이 나왔다고 한다. 그 뒤 관목이 관메, 과메기로 바뀌었으리라 추정된다.

꽁치를 모르거나 한 번도 먹어보지 않은 사람은 없을 것이다. 일반인에게 꽁치는 과메기보다는 통조림으로 더 알려져 있다. 특히 등산이나 낚시를 즐기는 사람 치고 '꽁치 간스메'라고 부르던 통조림을 먹어보지 않은 사람은 없을 정도로 꽁치는 대중에게 친숙한 생선이다.

꽁치라는 이름의 어원은 잘 알려져 있지 않다. 다만 정약용 선생이 『아언각비雅言覺非』에 이 물고기의 아가미 근처에 침을 놓은 것 같은 구멍이 있어서 '구멍 공孔' 자에 물고기를 의미하는 접미사 '치'가 붙었다고 설명하고 있다. 이것이 된소리가 되어 '꽁치'가 된 것인데, 아직까지는 이 설이 가장 설득력이 있어 보인다.

꽁치는 야간에 유영하는 성질이 있어 주로 밤에 잡는데, 동해안에는 예로부터 '손꽁치'라는 어법이 있었다. 5~8월, 꽁치 산란철이 되면 가마니에 해조류를 주렁주렁 매달아 바다에 띄워놓은 뒤 가마니 아래로 손을 집어넣어 서서히 흔든다. 그러면 꽁치가 손가락에 몸을 비빈다. 산란철이 되면 몸을 다른 물체에 비비는 성질이 있기 때문이다. 이때 손가락 사이에 낀 꽁치를 잡는다. 찬 바다에 사는 꽁치가 먼바다를 회유하다 산란기가 되면 연안 쪽으로 몰려와 수면 가까이 떠다니는 표류물에 모여 산란하는 습성을 이용한 것이다. 이렇게 잡은 꽁치의 신선도야 더 말해 무엇하랴.

산란철에는 바닷물이 우윳빛으로

과메기의 원조 자리를 물려준 청어(학명 *Clupea pallasii*)는 청어목 청어

과의 바닷물고기로 다 자라면 몸길이가 30센티미터 정도이며, 대표적
인 한대성 어류로 겨울이 제철이다. 속명인 클루피아Clupea는 라틴어로
등 푸른 생선을 뜻한다. 영어권에서는 헤링Herring이라고 부르는데, 이
는 독일 육군을 가리키는 헤어heer에서 유래한 것이다. 항상 떼 지어 몰
려다니는 것이 마치 군대가 이동하는 것 같이 보였으리라. 일본에선
니신鰊, 二親, にしん이라 부른다. 부모를 중심으로 하여 조부모, 형제자매,
손자 등의 대가족을 일컫는 말인데, 영어권에서와 마찬가지로 청어가
크게 무리 지어 다니는 것을 상징하고 있다.

> 정월이 되면 알을 낳기 위해 해안을 따라 떼를 지어 회유해 오는데, 수억 마
> 리가 대열을 이루어 오므로 바다를 덮을 지경이다. 석 달 동안 산란을 마치면
> 청어 떼들은 곧 물러간다.
>
> _『자산어보』

청어는 산란기가 겨울에서 초봄 사이인데, 암수의 방란과 수컷의 방정
이 시작되면 푸른 바닷물이 우윳빛으로 변할 정도라고 한다. 그래서
일본 사람들은 자손을 많이 가지라는 의미로 정초에 청어 알을 먹는
풍습이 있다. 청어의 알은 맛과 영양이 좋으며, 난막卵膜은 약간 단단하
여 씹으면 터지는 소리가 요란하다.
천지현황天地玄黃. 천자문의 맨 처음에 등장하는 글귀로 잘 알려져 있

다. 글자 그대로 하늘은 검고 땅은 누르다는 뜻이고, 우주의 삼라만상을 대표하는 천지음양을 나타내는 말이다. 그러나 사실 현玄 자는 검은색보다는 아득하고 오묘해 오히려 푸른색에 가까운 색이며 황黃 자 역시 노란색이 아닌 누르스름한 색이다. 그런데 청어를 보면 하늘(등)은 푸르고 땅(배)은 희다 못해 누렇다. 천기天氣와 지기地氣를 한 몸에 품고 있는 것이다. 그래서 한방에서는 청어를 먹는 것은 천기와 지기를 모두 취하는 것이라 한다.

과학이 발달한 지금 청어, 고등어, 꽁치 같은 등 푸른 생선에 DHA, EPA 등의 오메가3 지방산이 많아 머리가 좋아지는 식품이라고 광고하고 있으니 옛말이 검증된 셈이다. 북해를 둘러싼 북유럽에서는 청어를 수산자원으로서 매우 중요하게 생각하는데, 이 역시 영양학적 가치를 높이 평가하기 때문일 것이다. 영양을 따지지 않더라도, 유럽에서 빵에 넣어 먹던 청어 절임의 그 맛은 내게 잊을 수 없는 독특한 경험이었다.

청어가 늘면 정어리가 준다?

영국의 해양생물학자인 러셀F. S. Russell은 플리머스 연안에서 1924년부터 1972년까지 오랜 기간 동안 플랑크톤을 조사한 결과, 해양 생물의 군집 변동에 대한 중요한 현상을 발견하였다. 1930년대 겨울철 해수에 녹아 있는 인의 농도가 떨어지면서 대형 동물플랑크톤과 청어가 감소하고 반대로 정어리가 증가한 것이다. 그러다가 1960년대 후반부터는 청어와 정어리의 흥망성쇠가 반대 양상을 보이는 주기적인 교대 현상이 나타났다. 이처럼 해양의 생물종이 수십 년의 주기를 갖고 함께 변동하는 현상을 '러셀 주기Russell cycle'라고 한다.

러셀 주기는 대양의 순환과 관련이 있을 것이라고만 짐작할 뿐 왜 이러한 현상이 발생하는지, 그 정확한 기작이 무엇인지는 아직 밝혀지지 않았다. 또, 이것이 주기적인 현상인지 우연한 역전인지도 확실하지 않다. 다만 분명한 것은 해양 생물의 군집 구조가 안정된 상태로 계속 유지되는 것이 아니라 항상 변화할 수 있다는 것이다. 사라졌던 과메기의 원조인 청어가 최근 다시 돌아오고 있다니, 이 시점에서 정어리의 변동 또한 주시할 필요가 있겠다.

언제부터인가 그 흔하던 꽁치가 잘 잡히지 않더니, 요즘은 자취를 감추었던 청어가 다시 출현하는 것을 보면 역시 세상은 돌고 도나 보다.

3장. 뼈대 있는 가문의 단단한 뚝심

외강내유의
고고한 군자

꽃게

사람들이 바닷속 미물인 꽃게에게 '공자'니 '거사'니 하는 높인 이름을 붙인 이유는 게딱지는 단단하나 그 속이 부드러워 군자君子가 이상으로 삼는 외강내유를 갖추었기 때문일 것이다. 꽃게에게는 네 가지 선덕이 있다고 한다. 첫째는 예지력이다. 큰물이 진다든지 가문다든지 하면 게는 미리 이동한다. 다음으로 음력 8월에 길이 한두 치쯤 되는 벼이삭을 물고 동쪽으로 이동하여 용왕에게 그 이삭을 바치니 그 충성이 둘째요, 어떤 짐승한테도 집게발을 쳐들고 대드니 그 용맹이 셋째이다. 인도에서는 호랑이가 게를 보고 도망치고, 불경에는 코끼리와 싸워 이겼다는 이야기에 나올 정도이다. 마지막으로 넷째 선덕은 바로 그 맛이다. 확인할 바는 없지만 공자가 동해의 게로 게장을 담가 먹었다고도 한다.

세상에는 빛이 있으면 그림자도 있는 법, 게에게 네 가지 악덕이 없겠는가. 겉은 갑옷으로 단단히 둘렀으면서 정작 속에는 창자가 없어 '무장공자無腸公子'라 불리는 것이 첫 번째 악덕이다. 겉치레만 하고 줏대나 소신 없는 사람을 빗대었다. 둘째는 게걸음 친다는 말도 있듯이 언행이 빗나가고 진보가 없음을 꼬집는다. 눈을 똑바로 두지 않고 곁눈질을 하는 습성에 빗대어 매사를 사특하게 보는 게 그 셋째이며, '독 속의 게'란 말이 있듯 남 잘되는 걸 못 보고 헐뜯고 끌어내리는 속성이 마지막 넷째 악덕이다. 게에 빗대어 선덕은 따르고 악덕은 경계하라는 가르침을 오십줄 중반에도 되새긴다.

꽃이 아니라 가시를 품은 게

꽃게(학명 *Poritunus trituberculatus*)는 영어로는 블루 크랩Blue crab 또는 스위밍 크랩Swimming crab이라 부르며 일본어로는 가자미ガザミ, 중국어로는 시시에矢蟹 또는 화시에花蟹라고 부른다. 순조 9년에 쓰인 『규합총서閨閣叢書』를 보면 게가 초가을 매미처럼 껍질을 벗는 벌레라 해서 '해蟹'라 한다고 되어 있다. 그 시절에도 게가 탈피를 한다는 사실을 알았다는 건데, 선인들의 관찰력이 대단하다. 게를 가리키는 '해'의 한자 생김새를 풀어보면 '풀 해解'와 '벌레 충虫'의 결합으로, 한자 역시 이 의미를 담은 글자임을 알 수 있다. 우리말 꽃게의 유래는 무엇일까? 혹자는 꽃이 화려한 '꽃'이 아니고 가시 '곳'이 변형된 것이라고 말한다. 『자산어보』에서는 '시해矢蟹'라 쓰고 '살게'라 읽었다. 화살촉을 닮은 뾰쪽한 게를 표현했을 것이다. 게의 형태를 보면 갑각의 양옆이 가시처럼 뾰쪽하니 충분이 일리 있는 추론이다. 그러나 그 가시를 표현하는 말로 쓰인 것은 '곳'이 아니고 '곶'이 아닐까 생각한다. 뾰족하게 나온 것을 '곶'이라고 하며, 육지에서 바다를 향하여 돌출해 나간 끝부분을 곶이라 부르니 말이다.

분류학상으로 게는 절지동물문 갑각강 십각목에 속한다. 집게다리와 유영각까지 포함해서 좌우로 5쌍의 다리, 즉 총 10개의 다리가 있다 해서 십각목으로 분류되었다. 수명은 3년이며 최대 크기는 갑장(입에서 갑각 아래 끝까지의 세로 길이) 10센티미터, 갑폭(양쪽 가시 끝 사이의 가로 길이) 22센티미터 정도까지 자란다. 갑각의 윤곽은 옆으로 긴 마름모꼴이고 양쪽 끝이 뾰쪽하게 뻗어나온 것이 특징이다. 껍데기의 앞쪽에는 톱니가 한쪽에 9개 나 있으며, 집게발에는 날카로운 이빨이 있어 위협적이다. 마지막 다리는 페달 모양으로 유영하는 데 사용하는 유영각遊泳脚이다. 갑각은 초록색을 띤 연한 청색이고 집게다리에는 보라색 바탕에 흰점무늬가 있다. 남해안에서는 몸 전체가 보라색인 개체가 흔히 나타나는데, 서해에서는 푸른색의 개체가 잡히기도 하는 등 색깔 변이가 있다.

꽃게

'독게'라고도 불리는 민꽃게 ⓒ허선정

다양한 꽃게 사촌들

같은 꽃겟과에 꽃게라는 이름이 붙은 비슷한 사촌들이 많은데, 그중에
서해를 포함해서 전 연안에서 꽃게 다음으로 많이 잡히는 민꽃게(학명
Charybdis japonica)가 있다. 보통은 어두운 녹갈색 바탕에 미색 얼룩무늬
가 있거나 어두운 보라색을 띤다. 조간대에 있는 조수웅덩이부터 조간
대 하부 모래진흙과 암초 지대에까지 사는 생명력 강한 놈이다. 그래
서 그런지 생긴 것부터가 돌맹이처럼 갑각이 단단하고 강인한 모습이
라 일명 '독게'라고 부르며, 서해안에서는 따로 '박하지'라 부른다. 여수

에서 유명한 게장은 사실 꽃게장이 아니고 민꽃게로 만든 독게장이다. 이들의 천적은 대형 어류인 돔류 정도일 뿐 자신의 서식지에서는 거의 최상위 포식자이다.

민꽃게와 비슷하지만 남부 해역에 주로 사는 깨다시꽃게(학명 *Ovalipes punctatus*)가 있다. 몸은 옅은 갈색 바탕에 자갈색의 점들이 촘촘히 있고 갑각 중앙에 H자 모양의 흰무늬가 있는 것이 특징이다.

그런가 하면 꽃게처럼 양옆에 가시가 돋아나 있는 점박이꽃게(학명 *Portunus sanguinolentus*)는 갑각이 전체적으로 녹갈색이고 갑각의 뒤쪽에 흰색 동그라미가 둘러싸인 적자색의 반점이 3개 있어 꽃게와 쉽게 구분할 수 있다.

꽃게는 우리나라 동해 중부 이북을 제외한 전 해역과 일본, 중국 연안의 100미터 이내 수심을 보이는 모래나 모래진흙 바닥에 주로 산다. 특히 서해 연근해에서 주로 분포하여 최북단 백령도, 대청도, 소청도, 대연평도, 소연평도의 서해 5도와 그 남쪽 특정 해역에서 많이 생산되어 옹진군과 인천시에 입하된다. 기어 다닐 것만 같은 꽃게의 유영력이 생각보다 발달하여 물의 흐름과 함께 서해를 회유한다는 사실은 이제 상식이 되었다. 관계당국은 갑장 6.4센티미터 이하를 포획금지체장으로 정하고 대략 6월 중순부터 8월 중순까지의 산란기를 금어기로 정해 꽃게 자원을 관리하고 있지만, 불법 중국어선의 조업 등의 사회적 요인과 연관하여 꽃게 어획량과 가격은 변동이 크고 민감하다.

꽃게의 탈피 ⓒ박민우

껍데기가 작아지면 벗어버리면 그만

갑각류의 탈피는 개체 생존과 종족 보존이란 차원에서 중요한 의미를 갖는다. 게는 큐티클cuticle이라 부르는 각피角皮로 된 딱딱한 외부 골격을 지닌다. 외골격은 내부 기관을 보호하고, 내부 근육을 지지하는 기반으로서 여러 이점이 있다. 그러나 뼈와 같은 내골격이 커지면서 성장하는 물고기와 달리 단단한 외골격은 게의 성장을 방해하는데, 그럴 때에는 간단하게 껍데기를 탈피하는 것으로 문제를 해결한다. 직접 보면 신기하다.

이렇게 탈피한 개체는 아직 갑각이 단단해지기 전이라 물렁물렁하다고 해서 '물렁게'라고 하는데, 살이 완전히 차지 않아 만지면 내장이 샐 정도이다. 그러나 모양은 다 갖추어져 있기 때문에 만져보지 않고서는 구별이 어렵다. 물렁게는 가을 어기가 시작되는 주로 9~10월에 전체 꽃게 어획량의 7~8퍼센트 정도 어획되고, 이때가 연중 가장 많이 잡히는 시기이다. 그러니까 이 시기가 다 자란 암컷 꽃게가 1년에 한 번 탈피를 하는 시기인 것이다. 서양에서는 말랑말랑한 게를 백포도주에 씻어 통째로 먹거나 연한 껍데기째 튀겨 먹는 맛을 일품으로 손꼽기 때문에 오히려 보통 게보다 비싼 값에 거래되지만, 대부분 우리나라에서는 아직 선호하지 않아 헐값에 취급된다.

국립수산과학원에서 30여 년 근무하다 정년퇴직한 우리나라 꽃게 양식의 전문가 서형철 박사에 따르면, 꽃게는 평생 동안 13~14번을 탈피하면서 성장한다고 한다. 유생 때에는 탈피를 자주하다가 200그램이 되는 2년생부터는 1년에 한 번 한다. 그리고 몸무게가 배가 늘어나 400그램이 되는 3년생이 꽃게의 최대수명이다. 탈피 직후 게는 외부의 물을 흡수하여 쭈글쭈글하고 연약한 껍데기를 일정한 형태로 만든다. 이러한 새로운 연한 껍데기는 크기에 따라 다르지만 낡은 껍데기에 비해 15퍼센트(체중의 40퍼센트 정도) 이상 크기가 커지는데, 이때에 만져보면 물렁물렁하고 껍데기가 종이 정도로 얇다 해서 페이퍼 쉘paper shell이라고 한다. 이러한 껍데기가 시간이 경과하면서 단단해지고 내부에는 새로운 살이 차오른다.

꽃게와 보름달의 상관관계?

꽃게 맛을 좀 아는 식도락가들은 '봄에는 암컷이, 가을에는 수컷이 맛있다'라고 한다. 그 이유를 과학적으로 풀어보면 이해가 쉬울 것이다. 암게는 탈피 직후 연약한 껍질을 가졌을 경우에만 단단한 껍데기를 가진 수컷과 교미가 가능하다. 단단한 갑옷 속에 정포를 가진 수컷은 8~10월 탈피를 끝낸 2년생 암컷 물렁게와 사랑에 빠져 10월 어느 날인가에 교미를 한다. 암컷은 수컷의 씨앗을 저정낭에 품고 성숙시키다가 다음해 봄이 되면 인천과 군산 연안으로 들어와 6~9월에 2~3회 정도의 다회산란을 한다. 그러니까 산란과 탈피를 하기 전인 5~8월 포란기에 잡힌 암컷은 알과 함께 살이 통통하게 올라 맛이 있을 것이고, 가을에는 암컷이 산란 이후 살이 빠져 당연히 맛이 없다. 반면에 교미를 위해 살을 찌운 수컷은 가을에 제맛일 것이다. 그렇지만 식도락가들이 계절에 따라 암수를 가려 먹는 것이 꽃게에게는 교미 기회를 빼앗기는 일이기도 하다.

꽃게의 암컷(왼쪽)과 수컷(오른쪽)

꽃게는 암컷과 수컷의 가격 차이가 크다. 꽃게의 암수를 구별하는 방법은 시장에서 지갑을 알뜰하게 지키는 데 필요한 상식이라고 할 수 있겠다. 사실 어려운 구별법은 아닌데, 암컷은 배딱지가 넓고 수컷은 좁고 뾰족하다는 것을 기억하면 된다.

또, 항간에 떠도는 이야기로 '보름에는 게가 살이 없다'라는 말이 있다. 어떤 어민들은 이에 대해 게가 보름달 밝은 밤에 제 그림자에 놀라 야위었기 때문이라고 근사한 이유를 댄다. 재미있는 상상이다. 꽃게는 야행성으로 낮에는 모래 속에 들어가 잠을 자고 밤에 나와 먹이활동을 하기 때문에 조업도 주로 밤에 한다. 그래서 어느 글에서는 이런 특성 때문에 달이 밝은 음력 보름 전후의 꽃게는 달이 없는 그믐 때 꽃게에 비해 먹이 활동이 활발하지 못해 살이 70~80퍼센트밖에 되지 않는다고 써 있다. 전부 그럴듯하지만, 나는 아직까지 정확한 근거를 찾지 못했다. 덧붙여 '게의 탈피가 보름 전후에 일어난다'라는 항설도 사실이 아니다. 유생시기에 빠른 성장을 위해 하는 잦은 탈피를 제외하면 커서는 거의 1년에 한 번 탈피를 하기 때문이다. 이렇게, 바다에도 떠도는 '찌라시'가 너무 많다. 다만 물살이 쎈 사리 때 자망에 꽃게가 많이 잡히기 때문에 물렁게도 역시 출현 빈도가 높을 뿐이다.

큰 놈은 지름이 두 자 정도이며 뒷다리 끝이 넓어서 부채 같다. 두 눈 위에 한 치 남짓한 송곳 같은 것이 있어서 그와 같은 이름(살게, 시해)이 주어졌다. 빛깔은 검붉다. 대체로 보통 게는 잘 기어 다니나 헤엄은 치지 못하지만 이 게만은 유독 헤엄을 잘 친다. (…) 껍질을 벗는 것에 따라서 커지는데 큰 놈은 뒷박만 하고, 작은 놈은 잔접과 같다.

_『자산어보』

그 당시 관찰력은 놀랄 만하다. 크기, 생김새 그리고 습성까지 기술함으로써 손암 정약전 선생의 실사구시 정신을 엿볼 수 있다.
추가적으로, 게장 담그는 법이 『규합총서』에 자세히 기록되어 있다.

검고 좋은 장을 항아리에 붓고 쇠고기 큰 조각 두엇을 넣어 흙으로 항아리 밑을 발라 숯불에 달인다. 그렇게 달이면 단내가 나지 않는다. 거기에 좋은 게를 정갈하게 씻어 물기가 마른 후에 항아리에 넣고 달인 장을 붓는다. 한 이틀 후 그 장을 쏟아 다시 달여서 식혀 붓는다. 그때 입을 다물고 있는 게는 독이 있으니 가려낸 다음, 그 속에 천초川椒를 씨 없이 하여 넣고 익힌다. 이 게장에 꿀을 약간 치면 맛이 더 나고 맛이 오래도록 상하지 않지만 게와 꿀은 상극이니 많이 넣어서는 안 된다. 게장에 불이 비치면 장이 삭고 곪기 쉬우니 일체 등불을 멀리 해야 한다.

더 말해 무엇 하랴. 침만 쏟는다.

곧고 강직함이
대쪽과 같다

대게

티비 방송의 여행이나 먹는 프로그램을 보면 동해안 대게 이야기가 빠지는 해가 없다. 하지만 대개 대게가 되게 맛있다는 이야기만 무성하고, 대게라는 생물에 얽힌 문화적인 이야기는 찾아보기 힘들다. 그래서 대게를 대개는 알지 못한다.

대게라는 이름이 크다고 해서 '클 대大' 자를 쓴 것으로 알고 있는 사람이 아직도 꽤 많다. 사실은 다리가 길쭉길쭉하고 중간에 마디가 있는 것이 마치 대나무처럼 곧게 뻗어 있다고 해서 이름 붙여진 '죽해竹蟹'를 우리말로 '대게'라고 부른 것이다. 우리나라의 옛 기록을 찾아보자면 『신증동국여지승람新增東國輿地勝覽』에 나오는 '자해紫蟹'라는 특산물이 대게일 것으로 추정된다. 자줏빛이 나서 붙여진 이름일 것이다. 암컷은 수컷보다 훨씬 작아 찐빵만 하다고 해서 따로 특별히 '빵게'라고 부른다.

대게로 유명한 영덕 지방에서 '박달대게'라고 부르면서 특별관리를 하는, 대게 중에서도 아주 귀하신 몸이 있다. 그런데 여기서 이 '박달'은 특정 품종을 가리키는 말이 아니라 박달나무처럼 속이 꽉 들어찼다고 해서 붙은 말이다. 어원을 가지고 따지고 들면 박달나무처럼 꽉 차고, 대쪽같이 곧다는 의미이니 이보다 더 좋을 수가 없다. 식물학계에서도 이뤄진 적 없는 박달나무와 대나무의 접목이 동해에서 이루어진 셈이다.

대게, 붉은대게, 너도대게

대게와 그 유사종은 분류학상 절지동물문 갑각강 십각목 게아목 물맞이겟과에 속한다. 대게는 한 종류만 있지 않고 분화되어 대게, 너도대게(일명 청게), 홍게(일명 붉은대게) 등이 있다.

대게(학명 *Chionoecetes opilio*, 영명 Snow crab)는 우리나라 동해를 포함하여 오호츠크해, 베링해, 알라스카 연안, 그린랜드 해역 등의 북방 냉수역 깊은 곳에 서식한다. 우리나라 동해에서는 수심 120~350미터의 깊은 바다 진흙 또는 모래 바닥에 산다. 갑각 등 쪽은 대체로 편평하며 뒷부분 경사각은 완만하다. 옆 가장자리 아랫부분에 사마귀 같은 작은 돌기가 두 줄로 나 있다. 등갑은 암갈색이지만 배 쪽은 희다. 암컷의 걷는 다리는 수컷보다 짧다. 산란기는 1~3월이며, 수명은 암컷 9~12년, 수컷 13년으로 추정된다. 최대 갑각너비는 수컷 17.4센티미터, 암컷 10.5센티미터이다.

어업인들이 '붉은대게'로 부르는 홍게(학명 *Chionoecetes japonicus*, 영명 Red snow crab)는 동해에서만 사는 것으로 알려졌는데, 대게보다 더 깊은 수심 400~2,300미터의 부드러운 진흙 또는 모래 바닥에 서식한다. 등 쪽과 배 쪽 모두 진홍색이다. 갑각의 뒷부분이 부풀어올라 경사가 급하며, 옆 가장자리 아랫부분에 돌기가 한 줄 나 있고 예리한 가시가 있다. 산란기는 2~3월이다. 최대 갑각너비는 수컷 17센티미터, 암컷 8

위에서부터 순서대로 홍게, 청게, 대게 ⓒ영덕군청

센티미터이다.

동해의 수심 450~600미터에서는 대게와 붉은대게의 잡종인 너도대게(일명 청게)가 출현한다. 너도대게를 처음 접하고 이름을 붙일 때 육지의 너도밤나무와 같은 연유로 이러한 이름이 붙었다고 한다. 대게는 아니지만 대게 같이 생긴 놈에게 "너도 대게냐?" 하고 물은 것에서 유래되었다는 후문이다. 등 쪽은 연한 주홍색이다. 두흉갑 뒷부분에 돌기가 두 줄 나 있고, 날카로운 가시가 있다.

인기의 영덕대게, 위기가 온다?

2015년 대게 어획량을 보면, 경상북도가 1,625톤으로 전국 생산량의 85퍼센트를 차지하여 최고이다. 누구나 대게를 '영덕대게'라고 부를 만큼 대게는 영덕군 강구항이 유명한데, 실제로도 위판량을 보면 영덕군 축산항과 강구항, 포항시 구룡포항, 울진군 죽변항과 후포항 순이다. 영덕대게가 유명해진 역사적 배경으로 고려 태조가 영동 지방을 순시했을 때 주안상에 오른 대게 맛에 흡족해하면서 이후 임금님께 진상된 지역 특산물이 되었다는 이야기가 있다. 또한, 오래전부터 대게는 강구와 축산 앞바다에 일명 '무화쩜'이라는 수중 암초 바닥이 최대 서식지라는 이야기도 전해온다.

그러나 울진에 가서 들어보면 현지인들의 말은 좀 다르다. 울진군 후포 앞바다 20여 킬로미터 앞에 여의도 2배 크기의 왕돌초가 있는데, 이곳이 수산물 곳간이라고 할 정도로 대게의 최대 서식지라는 것이다. 예로부터 이곳 후포에서 대게 어획량이 많았으나, 지리적으로 오지라 교통이 더 나은 영덕으로 모인 것이라고 한다. 울진에서 상품가치가 없는 대게를 말려서 간식으로도 먹고 죽을 끓여 긍휼 음식으로도 사용한 것을 봐서는 생산량이 많았던 것은 분명하다.

최근 고급 식품을 추구하는 먹거리 문화 추세에 따라 대게 선호도가 점점 증가하고 있다. 그러나 이런 이유로 대게 소비량이 많아지니 자원량은 점점 감소하고 있다. 대게는 주로 연안 홑자망[14], 근해 대게 통발 그리고 근해 외끌이 저인망으로 어획하는데, 어획량이 2007년 4,817톤에서 2010년 2,606톤, 그리고 2015년에는 1,915톤으로 줄어들고 있어 자원관리가 절실한 실정이다.

흥행일 때가 위기라는 말이 있다. 대게가 인기가 있고 소비 욕구가 많은 지금이 어느 때보다도 조심해야 할 시점일 수 있다. 해양생태계 변화뿐만 아니라 조업 어선 수 증가와 장비 현대화가 자원 감소를 가져오고 있는 실정이다. 그동안 이룬 영덕대게에 대한 좋은 명성을 후대에 물려줄 수 있어야 하고 그 어업인과 지역민이 자부심을 가질 수 있도록 하기 위해서는 자원을 보전하고자 하는 자세와 대책이 우선되어야 한다. 우리는 이미 명태 자원을 잃은 경험이 있지 않은가.

대게 자원을 보호하기 위해 「수산자원관리법」에는 연안은 6월 1일부터 11월 30일까지, 근해는 10월 31일까지 포획금지기간을 정해놓고 어획을 못 하게 하고 있다. 물론 산란자원군 보호를 위해서 암컷 대게는 연중 잡을 수가 없다. 이뿐만 아니라 갑장 9센티미터보다 작은 어린 놈은 잡지 못하게 금지체장을 정해서 관리하고 있다. 산란에 참여하는 최소 크기를 나타내는 '생물학적 최소체장'이 7~8센티미터인 것을 보면 적절한 포획금지체장이다.

---

14   한 겹의 자망으로 된 걸그물.

붉은대게는 금어기가 7월 10일부터 8월 25일로 여름 한 달여이다. 그래서 한여름을 제외하고는 조업이 가능해 거의 1년 내내 먹을 수 있다.

대게는 달고, 홍게는 싸구려다?

시중에는 러시아산 대게와 북한산 대게가 유통되고 있는데, 사는 서식지가 다를 뿐 같은 종이다. 더 차가운 바다에서 산 놈이 더 맛있다고 하는데, 내가 직접 비교해보지 못해 아쉬움이 든다.

대게 가격은 마리당 매기는데, 일반적으로는 10만 원 정도로 쉽게 사먹을 가격은 아니다. 탈피를 하기 전 최고로 살이 꽉 찬 대게를 현장에서는 '박달대게'라고 부르는데, 이 대게는 한 마리에 무려 17만 원을 호가한다. 붉은대게는 알배기가 3만 원, 일반적으로는 1만 원 정도이다.

대게를 맛볼 수 있는 제철은 역시 살이 꽉 찬 겨울 끄트머리이다. 대게는 삶는 게 아니고 쪄 먹는데, 살아서 발버둥치면 다리가 떨어지거나 내장이 쏟아질 수 있어 반드시 죽이거나 기절시켜서 쪄야 한다. 게 내장이 쏟아지지 않도록 배를 위로 하여 찐다는 것도 알아두자. 잘 쪄진 대게는 다리의 껍질을 제거하고 속살을 발라 먹는데, 다리 관절 아래쪽을 살짝 비틀면서 부러뜨려 당기면 속살을 쉽게 분리할 수 있다. 몸통은 게딱지라고 하는 등껍데기를 열고 수저로 퍼먹거나 밥을 넣어서

정말 홍게는 대게만 못할까?

비벼 먹으면 제맛이다. 다른 생선에서는 표현하지 않는 맛으로 대게 맛은 '달다' 고들 말한다.

홍게를 대게와 비교해서 '싸구려'라고 생각하는 경우가 많다. 한때 수입산 홍게를 도시의 아파트 단지 입구나 국도변에서 팔았는데, 당시에는 대게에 비해 값도 싸고 해서 한 번쯤은 사서 먹었던 경험이 있을 것이다. 실제로 산지에서 상품가치가 떨어지는 것들을 모아 도시 소비자에게 유통하였던 것인데, 먹어보면 살도 없고 짜기만 해서 실망했던

대게를 이용한 다양한 상품이 만들어진다

기억이 있다. 사실 싱싱한 것이라면 홍게와 대게의 맛 차이가 그리 크지 않다고 한다. 이제 제대로 생산된 홍게가 스스로 실추된 신뢰를 회복시켜야 할 때이다.

일반인들은 수산과학연구자들이 아무 때나 손쉽게 수산물을 먹을 것이라고 상상하고 부러워한다. 심지어는 생선을 공짜로 먹을 수 있다고도 생각한다. 억울하고 슬프다. 우리도 먹으려면 돈 주고 사 먹는다. 고백하건데, 1990년 초에 대게 조사를 하기 위해 시료를 구하러 수산시장에 갔다가 떨어진 다리 한 개 얻어먹은 게 지금까지 맛본 전부이다.

이번 겨울에 출장으로 포항 죽도시장에 가보니, 어시장에 온통 대게뿐이었다. 그런데도 주머니 사정으로 대게는 구경만 하고, 대신 '대게풀빵'을 사먹었다. 3마리에 2,000원인데, 대게 향이 조금 묻어나니 가성비는 좋더라.

험악한 털북숭이,
그 속은 천하일색

털게·왕밤송이게

어느 날 필자의 SNS 친구 중에 여수 돌산에 사는 '유학파 생선장수, 오일 님'이 이른 봄철 돌산 군내리 수산물 위판장에 나오는 '털게'를 최고의 수산물이라고 소개하였다. 그 맛이 서해의 꽃게보다, 동해의 대게보다 맛있다고 자랑을 늘어놓았는데 명색이 수산전문가란 필자는 맛은커녕 코빼기도 본 적이 없으니 체면이 말이 아니었다.

<1박2일> 남해 편에서 '털게'가 소개된 이후, 이 게는 지역 주민만 아는 특별한 게에서 전 국민이 다 아는 흔한 게가 되어버렸다. 그런데 내가 알고 있기로는 털게는 동해안에만 서식하는 종인데 남해에서도 털게가 잡힌다니? 그 정체가 뭔지 궁금해졌다.

먼저 인터넷을 뒤져 올라온 관련 소식과 사진을 찾아낸 뒤 무척추동물도감으로 동정하는 작업을 거쳤다. 확인 결과 <1박2일>에 소개된 털게는 실제로는 털게가 아닌 '왕밤송이게'였다. 남해안에서 1년 중 12월부터 이듬해 4월 사이에 출현해 오직 봄철에만 맛볼 수 있는 귀하신 몸, 왕밤송이게는 몸 전체에 털이 촘촘하게 나 있고, 게 껍데기가 커다란 밤송이를 연상시킨다고 해서 붙여진 이름이다. 털이 많다는 이유로 흔히 털게라 불리지만, 우리나라에서 동해안에만 서식하는 털게와는 엄연히 다른 종으로 분류된다. 이 기회에 생김새가 서로 비슷해 같은 종으로 오인되고 있는 '털게'와 '왕밤송이게'에 대해 자세히 알아보자.

생김새도 고향도 다른 둘

털게(학명 *Erimacrus isenbeckii*)와 왕밤송이게(학명 *Telmesus acutidens*)는 딱딱한 껍데기로 덮여 있어 분류학상으로 갑각강, 10개의 다리를 가진 십각목, 몸에 털이 많이 나 있어 털겟과에 속하는 설지동물인 것까지는 같으나 자세히 보면 게딱지(갑각) 모양도 다르고 체색과 서식환경이 서로 다른 별개의 종이다.

털게의 게딱지는 위에서 보았을 때 아래위로 약간 긴 둥그스름한 사각형에 가깝다. 또한 게딱지에는 과립상의 반점과 털이 빽빽하게 나 있으며, 몸 색깔은 연한 분홍색이고 털은 갈색이다. 집게발은 다른 게류의 그것과 비교하여 상당히 짧고 뭉툭한 편이고 나머지 다리들도 비교적 짧은 편인 데다가 많은 털로 덮여 있다. 털게의 털은 왕밤송이게의 그것보다 더 길고 억세서 가시와 같은 모양이다. 갑각은 보기와 달리 그리 단단하지 않고 부드러우며 비교적 살이 많아서 식용으로 이용되는데 그 맛이 진미라고들 한다.

왕밤송이게는 좌우 폭이 넓은 오각형으로 털게와 마찬가지로 대형 게에 속하나 털게보다는 작은 편이다. 살아 있을 때는 갑각이 황갈색 바탕에 자갈색 또는 보라색의 돌기들이 오톨도톨 돋아 있어 전체적으로 얼룩덜룩한 느낌이다. 갑각 옆구리 5개의 가시 중에 가운데 세 번째 것이 가장 크다. 역시 식용으로 이용되는데, 그 맛을 헤아릴 수가 없다.

털게(위)와 왕밤송이게(아래)

털게는 찬물을 좋아하는 냉수성 갑각류로 알래스카, 베링해와 일본의 홋카이도·후쿠시마·후쿠이·돗토리 등의 북쪽 연안과 우리나라 동해에 분포하는데, 수심 15~300미터의 모래, 진흙 혹은 자갈이 섞인 진흙에 서식한다. 반면, 왕밤송이게는 대마난류의 영향을 받는 우리나라의 남해 동부~동해 남부 해역에 분포하며, 수심 50미터까지의 모래 또는 돌이 많은 모래 바닥이나 해조 밭(해중림 또는 바다숲)에 주로 서식하는 것으로 알려져 있으나 구체적인 연구는 미비한 상태이다.

왕밤송이게는 고등어를 좋아해

털게와 왕밤송이게는 식용으로 이용되는 까닭에 산업종으로 분류되며 주로 걸그물인 자망이나 함정그물인 통발 어업에 의해 어획되는데, 간혹 새우조망에도 잡히긴 하지만 그 양은 적은 편이다. 털게와 왕밤송이게 모두 12월부터 이듬해 4월 사이에 주로 출현하는데, 주 조업시기는 1~3월이다. 경상남도 남해에서는 왕밤송이게 잡이에 둥근 철 뼈대에 그물을 싸서 만든 게통발을 사용하는데, 미끼로는 주로 고등어가 쓰인다. 어른 손바닥만 한 고등어를 반으로 잘라 통발에 넣어 왕밤송이게가 많이 살 만한 바닷속에 내려놓고 하룻밤을 기다리면, 이 비린내 나는 고등어의 유혹에 끌려 통발에 발을 들인 게가 빠져나가지 못하고 걸려 올라오게 된다. 그러나 아무리 고등어 비린내가 유혹적이라 해도 자원 자체가 많지 않으니 어획량이 신통치 않아 위판장에 나올 틈도 없이 금값으로 팔려나가는 귀하신 몸이다.

털게는 강원도의 명물로서 동해안 최북단에 위치한 고성의 8미 중 하나이며, 전국 어획량의 90퍼센트가 고성군의 거진, 대진 등지에서 잡힌다. 1930년 전후에 함경남도 북청군, 함흥군, 함경북도 성진군 등지에 털게 통조림공장이 있었다는 것으로 보아 당시에는 털게 자원이 지금보다 많았던 것으로 추측되나, 이후 지나친 남획과 수온 변동 등의 환경 변화로 자원이 거의 고갈되어 이제는 희귀종이 되어가고 있는 안타까운 현실이다. 2010년 84톤의 어획량을 보인 다음부터 계속적으로 감소하고 있는 추세여서 동해의 명물인 대게보다도 비싸지만 물량이 없어서 못 파는 형편이다.

왕밤송이게는 경상남도 거제시, 통영시, 사천시, 남해군과 전라남도 여수시 등지에서 주로 어획된다. 그중에서 거제시의 생산량이 가장 많은 편이나, TV 방송 이후로 남해군이 왕밤송이게로 가장 유명한 곳이 되었으니 방송의 힘이 가히 대단하다. 천하일미 왕밤송이게도 털게와 마찬가지로 예전에 비해 어획량이 급감하여 겨울에서 봄으로 이어지는 시기에 잠깐 반짝 어획되었다가 사라지니 그 가격이 비쌀 수밖에 없는 듯하다. 2~3년 전만 해도 킬로그램당 1만 5,000~2만 원이었으나, 요즘은 마리당 가격이 1만 5,000천~2만 원이라고 한다. 보통 크다 싶은 한 마리가 500그램 내외이니 2배나 오른 셈이다.

둘이 먹다 하나 죽어도 모르는 천하일미

털게와 왕밤송이게, 모두 진미로 통하긴 하지만 먹어본 사람들은 약간의 맛 차이가 난다고 한다. 동해 털게는 약간 단맛이 나는 데 반해, 남해 왕밤송이게는 더욱 진하고 깊은 맛이 있단다. 하지만 둘 다 바다의 짭조름한 맛이 살에 속속들이 배어들어 뭐라 형용할 수 없는 맛이 꽃

게딱지 속 천하일미

게와 대게는 명함도 못 내밀 정도라, 열이면 아홉은 털게와 왕밤송이게 쪽에 손을 들어준다고 하니 이 둘의 맛이 약간 차이가 난들 무슨 상관이겠는가. 외형상으로 보이는 무시무시한 털에 비해 몸통이 깨끗하고 게딱지가 연하다 보니 대부분 그대로 쪄서 먹는데, 왕밤송이게보다는 털게가 살이 더 꽉 차있는 느낌이란다. 찜통에 넣기 전에 반드시 미지근한 물에 담갔다가 죽은 것을 확인하고 쪄내야 다리가 떨어지지 않는다고 하며, 대게와 마찬가지로 배가 위로 향하게 뒤집어 찐다. 경남지역에서는 된장국에 넣어서 먹기도 하고, 작은 놈은 꽃게처럼 게장을 담그기도 하는데 그 맛 또한 일품이란다.

여수 돌산 군내리항에서 생생한 생선을 SNS로 전국에 판매하고 있는 오일 대표의 말에 따르면 왕밤송이게의 진미는 내장이라 한다. 하긴 게딱지에 밥 비벼 먹는 우리나라 사람들과 달리 서양 사람들은 게 다리를 주로 먹는데, 이놈의 게는 다리가 짧아 먹을 게 없어서라도 그러할 것 같다. 서울에서 일식집을 운영하는 조카가 가끔 내려와 만들어준다는 일식 요리는 또 다른 진미라 자랑한다. 어쨌거나 필자 역시 말로만 맛을 봤지 입에 넣어본 적이 없으니, 참….

아직은 베일에 싸인 왕밤송이게의 생태

털게는 알에서 부화하여 대략 2년이 지나면 성숙하여 교미를 한다. 첫 교미는 12~4월 사이에 이루어지고 두 번째 교미부터는 3~7월 사이에 일어난다. 털게 교미는 꽃게와 마찬가지로 탈피한 지 얼마 되지 않아 껍데기가 무른(연갑) 암컷과 껍데기가 단단하게 굳은(경갑) 수컷 사이에서 이루어지는데, 암컷이 성호르몬의 일종인 페로몬을 분비하여 교미 준비가 되었음을 알리면 수컷이 암컷을 따라다니며 구애를 시작한다. 암컷이 구애를 받아들이면 수컷이 집게다리를 비롯한 다리를 사용하여 포옹하는 자세로 암컷을 안고 암컷이 품 안에 안긴다. 교미 후 암컷은 교미전stopper이라는 일종의 마개로 생식공을 막아놓는데, 이는 수컷이 교미할 때 정액에 이어 분비하는 단백질 성분의 물질(정포

spermatopore)이 단단하게 굳어 뼈같이 하얗게 된 것이다. 이와 같은 교미전은 또 다른 수컷과의 교미를 방해하고, 외부로 노출되어 있는 암컷의 생식공에서 정액이 누출되지 않도록 하는 역할도 한다. 그러나 교미전이 생식공 한 곳에 2개씩 있는 암컷도 가끔 발견되는 것을 보면 세상만사 일탈하는 놈은 어디나 있는 것 같다. 배란된 알은 산란 초기에 오렌지색을 띠다가 부화 직전에는 갈색이나 검은색으로 변한다. 최대 갑각너비(갑폭)는 수컷 14센티미터, 암컷 11센티미터로 대형 게에 속한다. 털게는 연중 갑장 7센티미터 이하는 포획이 금지되어 있으며, 주요 서식지인 강원도에 한정하여 주 산란기에 해당하는 4월 1일부터 5월 31일까지는 포획금지기간이 설정되어 수산자원보존을 꾀하고 있다.

그러나 털게와 달리 왕밤송이게는 서식환경, 산란과 성장, 생활사 등에 대한 구체적인 연구가 거의 이루어져 있지 않아 포획금지체장 및 기간이 설정되어 있지 않은 실정이다. 다만 3~4월경이면 암컷 왕밤송이게 중에 알이 꽉 찬 것들이 위판장이나 시장에 나오는 것을 보고 산란기가 대략 이때쯤이지 않을까 추정하고 있을 뿐이다. 왕밤송이게는 여름철 수온이 20℃ 정도 이상이 되면 바다 밑바닥을 파고 들어가 여름잠(하면夏眠)을 자는 습성이 있으며, 포란한 암컷 또한 이 시기에 하면을 하므로 쉽게 발견되지 않는다.

왕밤송이게를 경남 일부 지역에서는 일명 '썸벙게'로 부른다. 이 지역의 어민들은 사라져가는 왕밤송이게 자원을 회복시켜 영덕 하면 대게를 떠올리듯이 왕밤송이게를 거제 썸벙게로 특산품화하기 위해 노력하고 있다. 이에 따라 2011년에 경상남도 수산자원연구소가 인공생산한 갑폭 1.5센티미터의 어린 왕밤송이게 7,000마리를 남해군 앵강만 일대에 방류했고, 같은 해 생산한 치게 2,000마리를 갑폭 7센티미터(85그램 정도)까지 키워내 왕밤송이게 인공종묘생산에 성공하였다. 앞으로 어업인에게 종묘생산 기술을 이전하고 육성하면 새로운 어업 소득원으로 호응을 얻을 것으로 보인다. 이와 더불어 털게처럼 왕밤송이게도 포획금지체장과 기간을 설정하여 자원을 관리하는 방안이 뒤따른다면 머지않아 어획량이 회복되어 더 많은 사람들이 쉽게 왕밤송이게 맛을 볼 수 있을 것이다. 이를 위해서는 왕밤송이게의 산란과 성장, 서식생태에 관한 연구가 선행되어야 하며 이와 같은 기초연구에 대한 관심과 지원이 적극 요구된다. 공학과 기술로 대표되는 '테크놀로지'에 집중된 연구가, 생태와 생명의 비밀을 밝히는 '사이언스'와 공조하는 것이 절실한 시점이다.

자연을 정화하고,
과학자에게 영감을 주는

갯가재·쏙

서해안의 특징은 광활한 갯벌이다. 순우리말인 '갯벌'은 한자로는 '간석지干潟地'라고 하고 학술적으로는 '조간대潮間帶, intertidal zone'라고 한다. 뜻은 조석에 따라 밀물이 들어오고(만조) 썰물이 나갈 때(간조) 드러나는 땅을 말하는 것으로 동일하다. 그 땅의 구조가 퇴적물로 되어 있느냐 암반으로 되어 있느냐에 따라 구분되는데, 진흙과 모래진흙 등의 퇴적물로 되어 있는 땅을 우리는 흔히 갯벌이라 부른다. 갯벌에 가면 언뜻 보기에는 눈에 잘 띄지는 않지만, 땅 위에도 땅속에도 다양한 생물들이 잔뜩 살고 있다.

그중 하나로 갯가에 사는 가재라는 뜻으로 이름 붙여진 '갯가재'가 있다. '갯'이라는 접두어가 '바다의'라는 의미가 있기 때문에 '바닷가재'와 헷갈릴 수도 있겠으나, 이 둘은 전혀 상관없는 다른 종이다. 갯가재(학명 *Oratosquilla oratoria*)는 분류학상으로 갑각강 연갑아강 구각목 갯가잿과에 속한다. 갯가재의 껍질이 딱딱해 보이지만, 분류학상으로 같은 갑각강에 속하는 따개비, 거북손 등과 비교하면 상대적으로 갑각이 단단하지 않고 연해서 연갑류로 분류한다. 구각류란 입에 다리가 달려 있는 동물을 말한다.

간혹 '갯가재'와 '쏙'을 뭉뚱그려 부르는 사람들도 있는데, 둘은 가까운 친척뻘이긴 하지만 다른 종이다. 더욱이 쏙은 배다리로 물결을 일으켜 수중의 플랑크톤을 걸러 먹거나 죽은 동물 사체를 뜯어 먹고 살기에, 공격적인 포식자인 갯가재와는 생태적 지위도 다르다.

갯벌의 사마귀

갯가재는 입가에 사마귀가 공격할 때 쓰는 커다란 앞발을 닮은 가슴다리를 가진 것이 특징이다. 갯가재의 앞다리는 단지 모양만 사마귀 앞발을 닮은 것이 아니라, 실제로 적을 공격하는 데 사용하는 능 그 쓰임새도 닮았다. 이런 이유로 영어권에서는 이름에 사마귀를 붙여 '맨티스 슈림프mantis shrimp'라고 부른다. 무릇 조폭에는 파벌이 있는 법, 파이터인 갯가재에게도 공격하는 방법에 따라 권투처럼 상대에게 펀치를 날리는 주먹파(스매셔smashers)와 낫으로 상대를 날카롭게 베는 할퀴기파(스피어러spearers)가 있다. 우리나라에서는 할퀴기파 갯가재가 바다 조폭계를 평정하였다. 접었다 폈다 하는 스프링 근육의 속도가 빠른 덕에 먹이를 낚아채는 능력이 탁월하다. 서식구멍 입구에서 기다리고 있다가, 먹이가 가까이 지나가면 도약하여 포획해서 자기 집으로 끌고 들어와 먹는다. 이런 어마무시한 갯가재는 게, 새우, 갯지렁이, 어류 등을 포식하는 연안생태계 최상위 포식자 중 하나이며, 그래서 '바다의 무법자'로 불린다. 악명이 높은지라 지역마다 회자되는 별명도 다양하다. 여러 마리를 담아놓으면 서로 부딪치면서 딱딱 소리가 난다고 하여 '딱새', 꼬리 부분을 터는 습성이 있다 해서 '털치'로 불리며, 충청도에서는 '설게'라고도 한다. 그러나 이런 강한 놈도 돌돔 낚시에서는 미끼로 쓰인다. 돌돔이 워낙에 고급어종인지라 이 정도 미끼는 써준다는

듯이 선심을 쓴다. 돌돔은 강력한 턱과 단단한 이빨로 이런 단단한 생물들을 주로 깨 먹을 수 있으니, 무림에 절대 강자는 없는 법이다.

각각의 다리에 각각의 역할이

갯가재는 우리나라 전 연안에 서식하는데, 주로 내만의 진흙 또는 모래진흙 바닥에 구멍을 파고 산다. 몸길이는 최대 12센티미터이고 최대 갑각길이는 4센티미터이며, 수명은 4년 정도로 추정하고 있다. 몸빛깔은 담갈색으로 회백색의 점이 흩어져 있고, 등에 4개의 세로줄이 있다. 꼬리 부분의 색이 영롱하다. 머리가슴(두흉부頭胸部)은 이마가 작고 뒤쪽이 넓은 모양이다. 겹눈은 자루 모양의 눈자루(안병眼柄, eyestalk)으로 돌출되어 있다. 이런 갯가재의 눈은 굉장히 특이해서, 양쪽 눈을 따로따로 움직이는가 하면, 눈알을 비스듬히 기울이거나 굴리기도 한다. 영국의 한 연구팀은 갯가재가 눈을 굴려서 빛의 편광각에 맞게 광수용체를 정렬하여 피사체를 더 또렷이 볼 수 있다고 보고하였다. 이런 시각 체계는 수중에서 사물을 구분해야 하는 로봇을 제작하는 데 활용할 수 있다고 한다. 결국 인간이 발명하고 개발하는 것도 다 이렇게 자연에서 얻어 오는 것이다. 잠자리 날개에서 헬리콥터를 만든 것처럼 말이다.

제1더듬이는 3개의 수염으로 갈라지고 제2더듬이에는 달걀 모양의 비늘 조각이 붙어 있다. 갯가재는 5~7월 사이에 수만 개의 알을 낳는데, 암컷은 입 근처에 있는 3쌍의 턱다리(악각顎脚)로 알이 부화할 때까지 알덩이를 부여잡고 신선한 바닷물을 공급하는 보육 행동을 한다. 5쌍의 가슴다리 중 제2가슴다리가 사마귀의 앞발처럼 크고 강하다. 이 다리는 포각捕脚이라 하여 먹이를 잡기 위해 사용한다. 두흉부 뒤쪽에는 갑으로 덮여 있지 않은 3절의 자유흉절이 있고 부속다리가 딸려 있는데, 이 가슴다리의 뒤쪽 3쌍은 끝이 2갈래이며 집게가 없이 보행할 때 사용한다. 갯가재가 좁은 틈새나 구멍으로 달아나다가 도중에 반대 방향으로 후진할 수 있는 것은 바로 이 자유흉절 때문에 가능하다. 복부에는 체절마다 5개의 배다리가 있어 유영할 때 쓴다. 꼬리마디에는 꼬리다리가 잘 발달되어 있는데, 모래나 펄에 1쌍의 입구를 가진 U자형의 구멍을 파는 데 쓴다. 이렇게 많은 다리가 한 몸에 붙었지만 제각기 자기 역할을 다한다. 이렇게 해서 한 생명체를 유지하는 것이다.

갯가재는 새우와 게의 중간 맛을 내는 맛 좋은 해산물이다. 조리법도 게와 새우, 가재와 크게 다르지 않다. 우리나라에서는 주로 해물탕에 넣어 끓이거나 쪄 먹는 경우가 많고, 된장국에 넣어 먹어도 맛이 좋다. 껍질이 날카롭고 단단해서 생각만큼 까먹기는 쉽지 않은 편이지만 먹고사는 데는 다 수가 있는 법, 이미 시중에 쉽게 까먹는 방법이 나와 있다. 우선 통째로 삶아 앞다리와 머리는 먹을 부분이 별로 없으므로 떼어내고, 갑각 양쪽 옆구리를 가위로 도려낸 뒤 꼬리껍질을 잡고 조심스럽게 떼어내면 큼직한 뱃살과 꼬리살만 남는다. 알이 꽉 찬 시기에는 살보다 딱딱한 알이 씹히는데, 이 또한 별미이다. 갯가재는 산란 전인 초여름이 제철이며 가을에도 맛이 좋다. 일본에서는 갯가재를 '샤코シャコ, 蝦蛄'라고 부르면서 초밥 재료로도 사용한다.

사촌이 아니라 이웃사촌

한편 쏙(학명 *Upogebia major*)은 갑각강 연갑아강 십각목 쏙과에 속한다. 모양은 달라도 새우와 게처럼 다리가 10개라서 십각류이다. 쏙은 전반

쏙 ⓒ여상경

적으로 갯가재와 비슷하게 생겼으나 겉모양이 갯가재보다 둥글며, 새
우류에 가까워 가재와 새우의 중간 정도라고 생각하면 될 것이다. 분
류체계로 보아도 쏙은 십각목에 속하고 갯가재는 구각목에 속하는 전
혀 다른 종이다. 모양새는 비슷해서 '사촌'처럼 보이지만, 분류체계상
목目, Order이 다른 아주 먼 사이이니 혈육은 아닌 '이웃사촌' 정도라고나
할까. 영어로는 재패니스 머드 슈림프Japanese mud shrimp 또는 유령 새우
ghost shrimp라고 하며, 일본에서는 아나쟈코アナジャコ('굴갯가재'라는 의미)라
고 부른다.

갯가재와 비교하면 쏙의 갑각은 석회질 함유량이 낮아 물렁물렁하다.
몸은 회갈색 또는 황갈색 바탕에 옅은 반점이 흩어져 있다. 몸길이는 암수 모두 10센티미터 정도이고, 최대 갑각길이는 3센티미터 정도여서 다 자랐을 때 갯가재보다 더 작다. 쏙은 태어나서 3년이 되면 두흉갑각의 길이가 2.5센티미터 이상으로 성장하여 번식활동에 참여하는 것으로 알려져 있다. 두흉갑은 아가미가 발달해, 좌우로 볼록한 삼각형에 가깝다. 이마뿔이 튀어나와 3갈래로 갈라진다. 이마 윗면에 사마귀 모양 돌기가 많고 돌기 위에는 털이 다발로 나 있으며, 갑각 윗면에도 연한 털이 촘촘히 있다. 제1가슴다리는 좌우의 크기와 모양이 같고, 움직이는 큰 집게인 가동지와 움직이지 않는 작은 부동지로 불완전한 집게발을 가진다. 복부는 전반부가 조금 가늘고 긴데, 제1배마디는 좁고 제2~5배마디는 넓다. 배의 양쪽 옆면에는 연한 털이 빽빽이 나 있다. 암컷의 배다리는 5쌍이지만 수컷은 제1배다리 없이 4쌍밖에 없다. 쏙은 남해와 서해의 내만 갯벌이나 조간대에서 얕은 바다에 이르는 진흙 또는 모래진흙 바닥에 구멍을 파고 일정 범위에서 군락을 이루어 산다. 구멍에 물이 들어오면 나와서 먹이를 찾는데, 배다리로 수류를 일으켜 물속 미생물이나 유기물을 입쪽으로 몰아주고 입 주변에 밀생해 있는 턱다리로 걸러 먹는다.

번식은 늦봄에서 여름 사이에 암컷이 복부에 알을 낳아 붙이며 이루어진다. 부화한 놈은 2주 정도 지나면 조에아^{zoea} 유생이 된다. 유생은 바닥에 닿으면 굴을 파기 시작해 몸이 커감에 따라 구멍 지름을 넓히고 길이도 깊게 파내려간다. 이렇게 해서 다 큰 쏙의 굴은 깊은 것은 2미터를 넘는다. 상부는 50센티미터 정도의 U자 모양으로 되어 있고 그 아래에 긴 막대 모양으로 연결하여 Y자 모양으로 완성한다. 2개의 구멍을 가진 형태라서 한쪽을 발로 밟으면 다른 쪽 구멍에서 물이 솟아오른다. 양쪽이 통하게 뚫려 있다는 이야기이다. 간석지 표면에 드러나는 구멍 입구 지름은 수 밀리미터에 불과하지만 깊이 수 센티미터 이하로 내려가면 넓어져서 지름이 2센티미터 정도가 된다. 다 큰 쏙이 사는 굴은 안쪽이 단단하고 매끄럽게 되어 있다. 간석지 진흙의 깊은 부분은 산소가 통하지 않아 환원성 점토질 토양인데, 그것을 파 내려가 산소를 담은 바닷물이 들어오게 되면 점토가 산화되어 단단하게 굳어지는 원리를 이용한 것이다. 쏙은 학교 다닐 때 화학을 잘했나 보다. 쏙은 굴착 능력이 대단히 좋아 구멍을 아주 깊게 파기 때문에 삽으로 일일이 파서 잡는 것은 거의 불가능하다. 그런데 몹시 배타적이어서 자신의 굴에 무엇인가가 들어오면 밖으로 밀어내는 습성이 있다. 어민들은 이 생태 습성을 이용하여 쏙을 잡는다. 구멍 주위에 물을 푼 된장이나 소금을 슬슬 뿌리고 붓 대롱 같은 '뺑대'를 구멍에 집어넣어 슬슬 흔들면서 천천히 올리면 쏙이 집게로 뺑대 끝을 꽉 쥔다. 이때 잽싸게 뺑대를 들어 올려 '쏙' 잡아 뺀다. 뽑아낼 때 압력 때문에 뺑 소리가 나서 '뺑대'요, 쏙 튀어 올라와서 '쏙'이다.

쏙의 서식구멍은 다른 생물들에게도 영향을 끼친다. 굴 내벽에는 박테리아가 많아 망둑어나 딱총새우 무리가 공생하고 있다. 쏙 구멍이 많으면 표면적도 증가되기 때문에 갯벌의 여과 능력과 해수의 정화 능력 향상에도 기여한다고 볼 수 있다.

바지락과는 공생할 수 없는 사이

이런 쏙도 바지락 양식장에서는 퇴치해야 할 구제동물로 취급받는다. 세상사는 동전의 양면처럼 음과 양이 있는 법이다. 쏙이 많은 갯벌을 보면 바닥이 마치 연탄구멍을 연상하게 될 정도이다. 쏙이 갯벌에 구멍을 깊게 파서 유기물이 풍부한 퇴적물을 먹어치우고 미세한 펄을 뱉어내니 결과적으로 모래진흙에 사는 바지락에게는 살기 적합하지 않은 서식지로 만들어버린다. 그런가 하면 산소가 부족한 깊은 쏙의 서식 구멍에 바지락이 빠져 폐사하거나, 물러진 갯벌로 인해 바지락 채취 활동에 방해가 되기도 한다. 이렇게 쏙은 바지락과 서식지 경쟁을 벌이기 때문에 갯벌에서 조개 채취로 먹고사는 어민들의 골칫거리가 되고 있다. 실제로 충남 연안 어촌계 중 70퍼센트가 넘는 양식장에 이미 쏙이 서식하고 있는 것으로 집계되었고, 쏙으로 인해 보령시의 한 어촌계에서만 바지락 생산 감소로 연간 20억 원의 피해가 발생했다는 뉴스 보도도 있다.

바지락은 서해안 갯벌에서 양식하는 조개류 생산의 80퍼센트를 차지할 정도로 어민들의 중요한 소득원이다. 그런 바지락이 최근 서해안에서 급격히 사라지고 있다. 1990년 7만 톤이 넘던 바지락 생산량이 2000년에는 3만 8,000톤으로 반 토막이 났고, 2015년에는 2만 5,000톤으로 더 줄었다. 25년 사이에 66퍼센트나 줄어든 셈이다.

쏙 때문만이 아니어도 이미 연안 매립이나 하굿둑 건설로 바지락 서식지인 갯벌이 지난 20년간 서해안 전체 갯벌의 20퍼센트에 해당하는 710제곱킬로미터가 사라졌다는 보고가 있다. 거기에 2000년대 이후에는 쏙이 급속히 서식지를 넓히면서 바지락을 밀어내고 있어 생산량이 감소하는 원인으로 추가된 것이다. 이런 현상은 시화지구, 천수만, 금강하굿둑, 새만금 주변에서 특히 심하게 나타나고 있다. 육상에서 모래와 자갈 공급이 끊기고 해류 흐름이 바뀌어 갯벌이 펄진흙로 바뀌면서 쏙이 살기 좋은 환경으로 바뀌었다는 뜻이다. 쏙의 습격으로 인한 바지락 생산 피해액이 연간 135억 원에 이르며, 지금 같은 상태가 방치되면 머지않아 서해안 갯벌에서 바지락을 보기 어려워질 것이라는 우려이다. 바지락을 지키기 위해 다양한 방법을 모색하고 있지만 현재 뾰족한 대책이 없는 실정이다.

5월에 쏙이 갯벌에 착저着底한 후 3개월이 지나면 갯벌 속으로 10센티미터 이상 파고 들어간다는 게 국립수산과학원 갯벌연구소의 조사결과이다. 쏙이 깊이 파고 들어가면 퇴치가 어려워져 정착하기 전인 7월 이전에 어린 쏙을 퇴치해야 한다. 장비를 개발하여 쏙이 서식하는 갯

서해안 갯벌

벌을 깊이 25~30센티미터까지 갈아주는 것이 그나마 효과가 있다고
한다. 이렇게 갯벌을 갈아주면 구멍이 망가져 쏙이 위쪽으로 올라올
때 사람이 일일이 손으로 잡아내야 하는데 시간과 비용이 많이 들고,
이 또한 한 번으로 해결되는 것이 아니어서 해마다 반복해야 한다. 여
전히 어떻게 하면 효과적으로 잡아낼 수 있을까 연구가 진행 중이다.
근본적인 해결책은 사실 단순하다. 자연을 되돌리는 것이다. 역간척하
고, 막힌 것을 뚫어 재자연화하는 일이다. 나는 이미 모 일간지에 이것
을 '역개발'이라고 제시한 바 있다.

바다노인?
허리는 굽었어도 기력은 왕성!

새우

오래전 영광군 가마미 해수욕장 앞바다에서 새우 자원 조사를 할 때의 기억이다. 주목망[15] 어업으로 새우를 많이 잡아 오는 계마항 위판장에서는 지나가다가 대하 한 마리 맛보는 것이 흔한 일이었다. 덤으로 얻어 온 중하 한 웅큼을 라면 끓일 때 넣어 먹으면 국물이 시원해졌다. 한번은 잘 아는 어민의 뱃전을 기웃거리는데, 얼룩말처럼 등에 줄무늬가 선명한 새우 한 마리를 까서 먹으라 권했다. 초고추장을 듬뿍 찍어 한입 물었는데… 그 맛을 본 이후로는 대하를 먹지 않는다. 일명 '오도리' 또는 '구루마에비クルマエビ, 車海老'라고 더 많이 불리는 보리새우(학명 *Penaeus japonicus*)였다. 영어로 '타이거 프론tiger prawn'이라고 부르는 것처럼 갑각 표면에 호랑이 무늬가 선명하다.

새우는 예로부터 장수와 좋은 일의 상징으로 전해지며 '해로海老'라고 일컫는데, 새우의 굽은 허리를 보고 노인에 비유하여 생긴 말일 것이다. 게다가 부부가 한평생 같이 살며 함께 늙는다는 뜻의 '해로偕老'와 음이 같으니 재치마저 있다. 새우의 옛말은 '새요' 또는 '사비'였다고 한다. 오늘날 사투리 '새오'와 '새비'에서 그 흔적을 볼 수 있다. 새우가 몸을 감고 있는 모양새를 보고 '빙빙 둘러서 감는다'라는 뜻을 가진 '사리다'의 옛말인 '숩다'에 어원을 두고 있다는 이야기도 있다.

---

15 사각뿔 모양으로 된 자루그물의 좌우 입구를 나무 말뚝으로 고정시켜 조류에 의해 밀려 들어간 고기를 어획하는 어구.

새우의 분류체계

새우류는 분류학상으로 절지동물문 갑각강 십각목에 속한다. 이와 같이 분류한 기준을 쉽게 풀어보면, 척추를 가지지 않은 동물로 갑옷을 두르고 가슴에 마디를 가진 5쌍, 즉 10개의 다리를 가진 특징이 있다는 말이다. 새우류는 머리, 가슴, 배의 3부분으로 이루어져 있으며, 이 중 머리와 가슴이 융합되어 두흉부를 이룬다. 두흉부는 두흉갑이 덮고 있으며 두흉갑의 앞 끝이 이마뿔을 이루는 모양새를 보인다.

새우류는 이전까지 분류학적 연구에 어려움이 많았는데, 국립수산과학원 김정년 박사가 그 분류체계를 정리하였다. 우선 십각목은 아가미 모양이 나뭇가지처럼 생겼다고 해서 붙여진 수상새아목과 범선의 돛처럼 생겨서 붙여진 범배아목으로 나뉜다. 수상새아목에는 보리새우, 대하, 중하 등의 보리새우상과 새우류Penaeidea prawn와 젓새우가 속한다. 이 새우들은 부화한 유생이 노플리우스 6번 탈피와 조에아, 미시스mysis, 후기유생post-larva 단계를 거치면서 총 12번을 탈피한다. 이들은 알을 몸 안에 가지고 있으며, 형태적으로는 첫 번째 배마디의 옆판이 두 번째 배마디의 옆판을 덮고 있는 것으로 구분된다. 수컷은 첫 번째 배다리에 교미기(페타스마petasma)가 있고, 암컷은 교접기(델리쿰thelycum)를 가지고 있어 암수 구별이 쉽다.

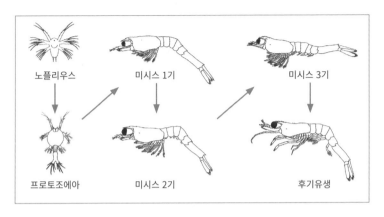

보리새우하목의 발달단계 모식도 ⓒ한국새우류도감

범배아목에는 딱총새우, 자주새우, 징거미새우, 도화새우, 돗대기새우, 밀새우, 그라비새우 등이 속한 생이하목 새우류Caridea shrimp와, 닭새우(닭새우하목), 가재(가재하목), 쏙, 집게, 꽃게 등이 포함된다. 이 새우들은 유생으로 발생할 때 조에아 단계는 거치지만 미시스 단계 없이 바로 후기유생 단계로 넘어간다. 생이하목 새우류는 두 번째 배마디의 옆판이 첫 번째와 세 번째 배마디의 옆판을 덮고 있다. 이는 알을 품기 좋은 구조이다. 그래서 이들은 알을 배다리에 품어 밖으로 노출시키는 특징을 가진다. 대하와 다르게 눈에 띄는, 암컷과 수컷의 교접기와 교미기를 가지지 않는다.

영어 프론prawn은 학문적으로 보리새우상과 새우류를 지칭할 때 쓰이며, 일반적으로는 새우를 가리키는 유럽식 영어이다. 미국에서는 새우

흰다리새우 유생

를 슈림프shrimp라고 부르며, 같은 말로 생이하목 새우류를 일컫기도 한다. 이 차이에 대해 과학자의 호기심이 돋아 영어 전문가 조이스박Joyce Park에게 알아보니 영국에서는 큰 새우를 프론, 작은 새우를 슈림프로 부른다고 한다. 영국인들은 보리새우상과 새우류가 대체로 크고, 생이하목 새우류가 작다는 학문적 사실은 알고 있었다는 말일까? 역시 자연과학이 발달한 나라답다.

대하의 다리는 몇 개인가

대하(학명 *Fenneropenaeus chinensis*)는 FAO[16] 공식 영어로는 플레시 프론 Fleshy prawn이며, 오리엔탈 슈림프Oriental shrimp, 차이니스 화이트 슈림프 Chinese white shrimp라고도 부른다. 일본어로는 고우라이에비コウライエビ, 高麗 海老, 다이쇼우에비タイショウエビ이며, 중국어로는 대하大蝦, 해하海蝦, 홍하 紅蝦라고 부른다.

대하는 보리새웃과에 속하며, 몸 빛깔은 연한 회색으로 표면에 진한 회색의 작은 점무늬가 흩어져 있다. 머리가슴의 밑면, 가슴다리, 배다리 등은 황색 또는 주홍색이고, 꼬리부채는 짙은 주홍색이나 끝은 흑 갈색이다. 이마뿔은 길고 위를 향하며, 이마뿔 위 가장자리에는 6~9개의 뚜렷한 톱니같은 돌기가 있고 아래 가장자리에는 3~6개의 작은 톱 니가시가 있다. 새우는 몸이 마디를 이루고 있어 쉽게 끊어져 탈락하 므로 눈자루 기저부터 두흉갑 끝까지 갑각 길이인 두흉갑장을 측정기 준으로 삼는다. 이 최대 두흉갑장이 수컷은 42밀리미터(체중 30~40그 램)이고, 암컷은 55밀리미터(체중 50~100그램)으로, 암컷이 수컷보다 더 크다. 수명은 1년으로 추정된다.

대하 수컷은 제1배다리 기부에 'Y자' 모양의 교미기가 길게 뻗어져 있

---

16 국제연합식량농업기구(Food and Agriculture Organization of the United Nations).

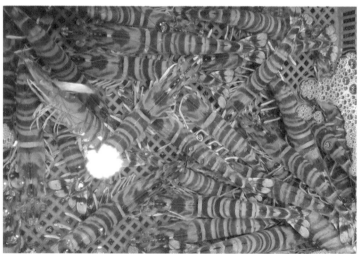

흔히 헷갈리는 대하(위)와 보리새우(아래)

고, 암컷은 배에 교접기가 있는데 사람과 크게 다를 바 없다. 교미를 하고 나면 암컷의 생식공은 수컷의 정포로 싸이고, 흰색의 교미전이 단단하게 덮여 다른 수컷들의 접근이 봉쇄된다. 20여 년간 국립수산과학원에서 대하 종묘를 생산한 김종식 박사에 따르면, 11월경에 수컷은 교미기를 이용해서 성숙한 정포낭을 암컷의 교접기에 먼저 붙여놓는다. 다음 해 5~6월에 암컷이 성숙한 알을 산란하는데, 이때 정자도 함께 내보내 체외에서 수정하게 한다는 것이다. 반면에 생이하목 새우류는 알과 정자를 체외수정하여 수정된 알을 배다리 사이에 품고 있다가 성숙하면 부화시킨다.

대하는 황해 및 발해만 등 북서태평양의 한정된 해역에 분포하는데, 우리나라에서는 광양만 서쪽의 남해안과 서해안에서 주로 서식한다. 대하는 8~10월까지 연안에서 사는데, 수온 10℃ 이하로 내려가는 11~12월경에 먼바다로 이동하였다가 이듬해 4월 말경에 다시 연안으로 회유한다. 성숙한 어미 대하는 서해 연안 진흙질의 얕은 바다에서 5~6월경에 산란하고, 산란 후에는 자연사망한다. 평생에 한 번 산란하는 이 순간, 한밤중에 서너 차례에 걸쳐 30만~40만 개의 알을 낳는다고 하니 필사적일 것 같은 숙연함이 느껴진다. 대하는 아무것이나 먹는 잡식성인데, 어린 조개, 굴, 담치, 가리비 따위의 이매패류를 좋아하는 것으로 보고되어 있다.

길이는 한 자 남짓 되고 빛깔은 희고 붉다. 등은 구부러지고 몸에는 껍질이 있다. 꼬리는 넓고 머리는 돌게石蟹를 닮았고 눈은 튀어나와 있으며 두 개의 붉은 수염이 있다. 수염의 길이는 그 몸의 세 배나 된다. 머리 위에 가늘고 단단하며 날카로운 두 개의 뿔이 있다. 다리는 여섯 개이다.

_『자산어보』

여기서 정약전 선생은 대하의 다리가 6개라고 하였다. 대하는 십각류로 가슴에 10개의 다리를 가진 것이 특징적인데, 뭔가 잘못되었다. 여기서 현대 과학자의 눈으로 자산어보의 기록을 재해석을 해보자. 대하는 네 종류의 다리를 가진다. 턱다리, 가슴다리, 배다리, 꼬리다리가 그것이다. 꼬리다리는 꼬리지느러미처럼 보이고, 배다리는 언뜻보면 솔처럼 보여 일반인들의 눈에 다리라고 여겨지지 않을 수 있다. 곤충 다리처럼 마디가 나있는 절지는 5쌍, 10개의 가슴다리이다. 여기에 선생은 가슴다리를 닮아 눈에 잘 띄는 제3턱다리 1개를 추가한 듯하다. 또한 6개는 6쌍을 말하는 것으로 판단된다.

중하(학명 *Metapenaeus joyneri*)는 중간크기의 새우를 지칭하는 이름으로 알고 있는데 그렇지 않다. 고유한 이름이다. 그렇지만 실제로 최대 두흉갑장이 수컷 27밀리미터, 암컷 34밀리미터로 대하보다 작고 젓새우보다 크다. 그래서 중하인가? 우리나라 서해 연안에서 서식하는 중하의 산란기와 교미기는 6~8월이며, 연중 1회 산란한다. 산란에 참여하

는 생물학적 최소체장은 20~21밀리미터의 두흉갑장을 보인다.

언뜻 보면, 대하처럼 생겨서 대하라고 속여서 파는 새우가 있으니, 흰다리새우(학명 *Litopenaues vannamei*, 영명 white leg shrimp)이다. 자연산 대하가 부족하던 시절에 흰반점바이러스에 강하다고 해서 양식용으로 외국에서 들여왔다. 민간 양식업자가 처음 수입했을 것으로 추정되나, 공식적으로는 국립수산과학원 장인권 박사팀이 하와이에서 선발육종된 흰다리새우를 들여왔다. 광염성 인데다가 환경에도 강해서 적응력이 뛰어나다. 지금은 대하 대신 흰다리새우를 양식한다. 다리가 하얗고, 이마뿔이 눈자루보다 약간 더 길어서 이마뿔이 충분히 긴 대하와 구분할 수 있다.

새우를 먹을 땐 머리까지

'경전하사鯨戰蝦死'는 남의 싸움에 아무 관계도 없는 사람이 해를 입거나, 강한 자들 사이의 싸움에 약한 자가 끼어 피해를 입을 때 쓰는 말이다. 우리 속담 '고래 싸움에 새우등 터진다'를 말하는 고사성어이다. 고래와 새우 사이에 무슨 관계가 있을까? 실제로 크기가 비교도 안 될 만큼 차이가 나는 고래와 새우는 피·포식 관계를 맺고 있다. 고래는 큰 입을 벌려 물과 함께 다량의 새우들을 산 채로 빨아들여 머리빗 모양의 수염판으로 걸러 먹는다. 거대한 고래가 그 작은 새우를 먹어봐야 배가 부를까 싶지만, 실제 남빙양에서 수염고래 한 마리가 매일 수십 톤의 크릴새우를 먹어치운다고 하니 걱정할 일이 아니다. 이러한 속담이 생겨난 것으로 보아 과거에 우리 조상들도 고래가 새우를 먹이로 하는 것을 알고 있었던 것 같다.

명나라 의서인 『본초강목本草綱目』에서는 "혼자서 여행할 때는 새우를 먹지 말라"라고 언급하며, 새우가 스테미나의 원천인 신장腎臟을 강하게 하는 강장식품이라고 하였다. 신장이 좋아져 혈액순환이 잘되면 기력이 충실해지니 양기를 돋게 하는 것은 당연한 이치이다. 항간에 새우는 콜레스테롤이 많아 좋지 않다고 오해를 받고 있지만, 좋은 콜레스테롤이 더 많고 타우린이 풍부하여 걱정하지 않아도 된다. 더욱이 갑각류하면 빼놓을 수 없는 것이 키토산인데, 이게 혈액 내 콜레스테롤을 낮추는 역할을 한다고 하니 새우 껍질과 함께 맛있게 먹으면 된다. 대하는 동족 공식共食을 할 때 머리부터 먹는다고 하니, 우리도 바싹 구워 머리까지 다 먹어도 좋겠다.

새우를 구울 때 색이 빨개지는 것은 껍질 속에 들어 있는 아스타크산틴이라는 색소 단백질이 열에 의해 붉어지는 성질이 있기 때문이다. 이 단백질이 노화 방지와 산화반응 억제에 효험이 있다고 하니, 인위적인 안티에이징 시술보다 맛있는 천연 새우를 권한다.

강화에서 나는 젓새우는 모두 국산이다

몇 해 전 한강 어귀에 위치한 강화도에서 하구 유영생물을 조사한 적이 있다. 우리나라 여러 연안에서 이런 종조성 연구를 해왔지만, 이 해역 전체 유영생물 중에서 새우류의 비율이 높았다는 것이 특징이었다. 더욱이 개체수나 출현빈도 측면에서 밀새우, 젓새우, 그라비새우 등의 새우류가 우점하였으며, 이들은 한강 하구 펄을 서식지로 이용하는 기수성 주거종이다.

나와 같은 해양어류 전공자는 새우와 같은 다른 분류군을 동정同定하는 것이 쉽지 않다. 동정할 때 기준이 되는 분류형질이 완전히 다르기 때문이다. 더욱이 젓새우 정도의 작은 놈은 현미경으로 봐야 할 정도이니, 현장에서 맨눈으로 구분하기는 여간 어려운 게 아니었다. 그런데 신기하게도 어민들은 새우를 종별로 그냥 척척 구별을 한다. 돈이 있는 곳에 기술이 생기고, 직업적으로 일상이니 생활의 달인을 만든 것이다. 그물 한가득 어획물을 조사해야 하는 일인데, 저 많은 걸 어찌 다 구분해서 측정할까 고민 중이었던 참이었다. 이때쯤 내 머리에는 잔꾀가 피어났다. 어민들에게 구별해서 돈 되는 어획물을 가져가라 했다. 쏜살같이 덤벼들어 망설임 없이 구별한다. 우리는 그 구별된 것 중에 몇 놈을 들어내 종 동정하는 것으로 전체 일을 마무리하였다. 이렇게 현장에 나오면 다 해결된다.

젓새우

새우를 동정하는 중에 아주 작은 젓새우류에 두 종이 있다는 것을 발견했다. '젓새우(학명 *Acetes japonicus*)'와 '중국젓새우(학명 *Acetes chinensis*)'가 그것이었다. 중국젓새우는 꼬리다리 기부에 3~7개의 빨간 반점이 있어 꼬리 부분이 전체적으로 젓새우의 그것보다 더 붉게 보인다. 동정하던 연구원이 이를 중국젓새우라고 하자 옆에서 보고 있던 한 어민이 "이거 중국산 아녀요. 국산이어요~" 했고, 우리 모두는 빵 터졌다. 우리나라 강화도에서 잡혔으니 '국산 중국젓새우'인 것이다.

젓새우와 중국젓새우는 분류학상으로 절지동물문 갑각아문 연갑강 십각목 젓새웃과에 속하는 사촌지간이다. 젓새우는 이마뿔이 매우 짧고, 꼬리다리에는 2개의 붉은색 점이 있다. 반면에 중국젓새우는 꼬리다리의 자루 위에 1개의 붉은색 점이 있고, 꼬리다리 기부에 3~7개의 점이 있어 꼬리 부분이 전체적으로 붉게 보인다. 중국젓새우 암컷의 교접기가 젓새우보다 짧다.

돼지고기에는 새우젓이 필요하다

새우에 소금을 뿌려 담그는 새우젓을 제조시기에 따라 5월에 담근 것을 오젓, 6월에 육젓, 가을에 담근 것을 추젓, 겨울에 담근 것을 동백하젓이라 부른다. 사람에 따라 7~8월에 담근 것을 자젓, 3~4월 새우젓을 춘젓이라고 더하는 경우가 있다. 사시사철 새우가 난다는 뜻이다. 강화의 새우젓은 맛이 뛰어난 것으로 유명하며 추젓은 김장할 때 주로 사용하고, 오젓과 육젓은 그 양이 많지 않고 비싸 반찬용으로 사용한다. 특히 강화도에서 가을에 나는 젓새우로 담근 추젓은 독특한 감칠맛과 높은 영양가로 임금의 수랏상에 오를 정도였다고 한다. 이들 새우젓의 대부분은 젓새우 또는 중국젓새우로 담그는데, 겨울에 담그는 동백하젓은 강화 현장에서 흰새우라고 부르는 밀새우로 담근다. 새우는 껍질이 덮여 있어 소금이 육질로 배어드는 것이 쉽지 않고, 육질은 물러 부패하기 쉽기 때문에 소금을 넣어 절이는 과정이 필요했을 것이다. 새우젓 담글 때 소금 사용량은 새우의 신선도와 계절에 따라 다르지만 일반적으로 여름에는 35~40퍼센트, 가을에는 30퍼센트 정도 넣는 것이 좋다고 한다. 소금량 조절을 실패하여 새우젓이 변질되면 그색이 어둡게 변하고 육질이 녹아서 젓국이 혼탁해진다.

외포항은 강화군 내가면 외포리에 있는 새우 집하장이다. 그래서 이곳에는 깎은 손톱만 한 젓새우로 담근 새우젓이 넘쳐나는 젓갈수산시장이 있어 봄부터 가을까지 관광객들이 많이 찾는 곳이기도 하다. 품질 좋은 강화의 새우젓은 전국 새우젓의 70퍼센트를 차지할 정도로 그 생산량도 어마어마하다. 그야말로 새우젓의 원조 격인 셈이다. 옛날에는 어민들이 독과 소금을 새우잡이 배에 직접 싣고 나가 새우가 잡히면 그 자리에서 바로 소금을 뿌려 젓갈로 담갔다고 한다. 강화에 새우가 풍성한 것은 임진강과 예성강, 그리고 한강 물줄기가 서해로 흘러들다가 합류하는 지점으로 영양염류가 풍부한 넓은 갯벌이 있어 새우가 서식하기에 좋은 조건이기 때문이다. 김장철을 앞두고 새우젓을 사기 위해 전국에서 상인들과 관광객들이 몰려드는 것도 강화의 추젓이 유난히 껍질이 얇고 감칠맛이 나며 영양이 풍부하기 때문일 것이다.

옛날 쌀이나 보리 등 곡류를 위주로 음식을 먹어왔던 사람들이 잔치나 동네 행사 때 어쩌다 한 번 맛보는 기름진 돼지고기는 소화가 잘 되지 않았을 수 있다. 이럴 때 우리 조상들이 선택한 것이 새우젓이었다. 세간에 떠도는 말로 미운 이웃집 돼지를 죽이려면 여물통에 새우젓 한 종지를 몰래 넣으라는 말이 있다. 실제로 새우 껍질은 주성분이 키틴 chitin이라는 단단한 고분자 물질이어서 돼지가 소화를 못 한다. 이뿐만 아니라 젓갈의 부패물질과 고농도의 소금 때문에 새우젓을 먹으면 돼지가 죽게 된다. 이것을 보고 사람들이 돼지와 새우젓은 상극이라는 생각을 갖게 되었고 발상의 전환으로 돼지고기를 먹을 때 새우젓을 찍어 먹으면 소화를 도울 수 있다고 판단한 것이다. 돼지고기는 주로 단백질과 지방으로 이루어져 있는데, 새우젓이 발효될 때 단백질 분해효소인 프로테아제가 만들어져 단백질 소화제 구실을 하게 된다. 또, 사람이 지방을 먹으면 췌장에서 리파아제라는 지방 분해효소가 나와 소화를 시키는데, 새우젓에는 리파아제도 함유되어 있어 기름진 돼지고기의 소화를 크게 돕는다. 이런 점에서 돼지고기에 새우젓을 찍어 먹는 것은 맛의 조화와 함께 소화를 잘되게 하는 매우 좋은 음식 궁합이다.

무한경쟁의 끝은
공멸이다

따개비

여름이면 너도나도 바다로 피서를 떠난다. 이번 여름 바캉스에는 물놀이 하고 회만 먹고 끝내는, 틀에 박힌 피서에서 벗어나자. 그 대신 자연을 관찰하고 바다를 느껴보는 휴식을 가져보면 어떨까. 이제 그런 정도로 해양수산문화가 성숙해질 때도 됐다. 물속 깊이는 들어가기 어려워도 아이들과 함께 맨발로 갯벌을 걸으면서 갯벌이 꼬물꼬물 움직이는 것을 느껴보는 것도 좋겠다. 만약 주변에 갯바위가 있다면 갯바위 낚시를 집어치우고 조심조심 갯바위 위를 걸어보자. 우리가 인지하지 못하는 수많은 생물들이 바위틈에 빼곡히 숨어 있다. 자연은 자세히 관찰하면 그만큼 보이는 법이다. 갯바위에 보란듯이 자리 잡고 살고 있는 작지만 신기한 해양생물들을 만나보자.

특히 갯바위에서 흔히 볼 수 있는 해양생물로는 따개비 종류가 많다. 그리고 몇 년 전에는 <삼시세끼 어촌편>에 등장하면서 유명세를 탄 거북손도 있다. 바위틈에 빽빽하게 들어찬 모습을 보면 도무지 상상하기 어렵지만, 따개비도 거북손도 흔히 생각하는 것과 같은 조개류가 아니라 절지동물로 분류되는 만각류Cirripedia에 속하는 생물이다. 만각蔓脚이란 덩굴처럼 생긴 다리를 의미한다. 공기 중에 노출되어 있는 모습밖에 볼 수 없는 우리로서는 상상도 하기 힘든 일이지만, 물에 잠겼을 때 만각을 꺼내 먹이를 잡아먹는 동작은 민첩하기 그지없다.

따개비가 절지동물이라고?

따개비는 연안 암반 조간대에 노출시간대별로 각기 다른 종들이 띠 모양으로 대상 분포한다. 조간대 상부에서는 이름처럼 5밀리미터 크기의 소형 따개비인 조무래기따개비(학명 *Chthamalus challengeri*)를, 하구역의 암반과 자갈 조간대 중·하부에서는 1.5센티미터 전후의 중형 따개비인 고랑따개비(학명 *Balanus albicostatus*)를, 조간대 중·하부에서는 수심 2미터 내의 조하대 바위 표면에서 3센티미터 크기의 대형 따개비인 검은큰따개비(학명 *Tetraclita japonica*)를 흔히 볼 수 있다. 그 종류가 전 세계적으로 200여 종에 달할 정도로 다양하며, 우리나라에는 10여 종이 보고되어 있다. 영어로는 도토리를 닮았다 해서 아콘 바나클 acorn barnacle이라고 한다. 이 따개비류는 절지동물문 갑각강 완흉목에 속하는데, 따개비마다 그 모양새는 비슷하지만 과 수준에서는 따개빗과 Balanidae 등으로 다양하게 분화되어 있다. 따개비는 분류학상 마디가 있는 다리를 가지고 있고 단단한 갑옷을 입어야 하는데, 겉보기로 봐서는 절지동물에 속한다고 상상할 수가 없을 정도이다. 단지 발생 과정에서 갑각류 특유의 노플리우스 nauplius와 시프리스 cypris 유생 단계를 거치기 때문에 계통분류학적 측면에서 갑각류에 속한다고 밝혀져 있다. 따개비는 수 밀리미터에서 수 센티미터 크기로 생김새가 '뫼 산山' 자를 닮았으며, 겉은 석회질 껍질인 각판殼板으로 싸여 있다. 따개비는 시

조무래기따개비(위)와 검은큰따개비(아래) ⓒ임형묵

멘트 선腺에서 나오는 분비물로 자신의 몸을 해안가 바위뿐만 아니라 선박이나 고래의 몸, 바다거북의 등에 단단히 들러붙여서 일생을 지낸다. 몸은 배가 없이 머리와 가슴으로 구성되어 있는데, 머리에는 눈도 없고 촉각도 없다. 단지 넓고 큰 마름모 모양의 입이 있고, 입 주위에 6

쌍의 만각이 있다. 이런 덩굴 모양의 가슴다리가 있기 때문에 만각류라고 부른다. 단단한 껍데기로 덮여 있는 따개비는 공기 중에 노출되어 있을 때는 수분의 증발을 막기 위해 입구의 문을 꼭 닫은 채 밀물 때까지 버티다가, 몸이 물에 잠기면 입구를 활짝 열고 덩굴같이 생긴 만각으로 물살을 민들이 플랑크톤을 잡아먹는다. 입구의 문을 열고 닫고 만각을 뻗어내서 휘젓는 일련의 동작들이 상당히 민첩하다.

암수의 생식기를 한 몸에 같이 가지는 암수한몸이면서 다른 개체와도 교미한다. 여러 개체가 가까이 밀집해서 살아가는 따개비는 옆에 있는 개체를 향해 교미침을 뻗어 정액을 주입한다. 짝짓기가 끝나면 자신의 생식기를 잘라버리는 것으로 알려져 있다. 알에서 부화하면 3쌍의 부속지를 가진 노플리우스 유생단계를 거치고, 보통 6회의 탈피를 거쳐 2개의 껍데기를 가진 시프리스 유생이 되어 바닷속에서 부유하며 살다가 적당한 장소에 붙어 평생을 부착생활한다.

따개비도 무한경쟁한다

울릉도와 같은 바닷가에서는 따개비를 칼국수에 넣어 먹는다. 그 밖에도 따개비죽, 따개비국수, 따개비밥 등을 만들어 먹는다. 때로는 삿갓조개를 따개비라고 하는 경우도 있는데, 이는 엄연히 다른 종이다.『자

산어보』에도 식용으로서의 따개비에 대한 언급이 있다. 손암 선생은 따개비를 통호桶蠔, 속명으로 굴통호라고 부른 것으로 보아 굴의 한 종류로 본 듯하다.

입은 통처럼 둥글고 뼈처럼 단단하다. 아래에는 바닥이 없고 위는 조금씩 줄어들다가 정수리에 구멍이 있다. 뿌리에 난 빽빽한 구멍은 겨우 침이 들어갈 정도에 벌집처럼 생겼으며, 뿌리는 바위벽에 붙어 있다. 속에는 엉기지 않는 두부처럼 생긴 살을 감추고 있고, 위로는 승려의 고깔을 이고 있는 듯하다. 여기에는 두 개의 판이 있는데, 조수가 이르면 이를 열어서 조수를 받아들인다. 이때를 쇠 송곳으로 재빨리 치면 통으로 떨어져 나가고 살이 드러나는데, 칼로 살을 잘라낸다. 만약 재빨리 치지 못해 통호가 먼저 알아차리면 차라리 가루로 부수어질지언정 떨어져 나가지 않는다.

늘 감탄하지만, 선생은 바다에 발을 담그고 자연을 관찰했으리라. 그렇지 않고는 이런 기록을 남길 수가 없다.

남해안과 서해안 일부 지역은 우리나라 고유종인 '고랑따개비' 대신 해외에서 유입된 외래종이 점점 점령하고 있는 실정이다. 이는 외래종이 더 번식력이 강하고 오염된 환경에서도 잘 살아남아 경쟁에 유리하기 때문이다. 따개비는 선박 아래에도 잘 달라붙어 이걸 제거하기 위해 페인트를 칠하거나 직접 떼어내는 등 애를 먹고 있다.

우리나라 고유종인 고랑따개비 ⓒ임형묵

현장에서 관찰하고 조사하는 손민호 박사의 바닷속 경쟁 이야기를 들어보자. 갯바위를 뒤덮고 있는 작은 따개비들도 살아남기 위해 서로간에 치열하게 경쟁한다. 따개비는 물이 드나드는 조간대 갯바위에 붙어 물속에 자신들이 잠겨 있는 제한된 시간 내에 만각을 빠르게 휘저어 물속의 플랑크톤들을 걸러 먹는다. 그런데 너무 많은 따개비들이 한 장소에 집중적으로 붙어 있는 경우, 먹이를 먼저 먹으려면 이웃 따개비보다 더 높이 솟구치는 것이 당연히 유리할 것이다. 나중에 보면 이런 따개비는 위로만 길쭉하게 자라난 비정상적인 형태를 갖게 된다. 그렇지만 이렇게 위로 뻗으면 갯바위에 붙는 면적이 상대적으로 작아져 거친 파도에 자신을 지탱하지 못하고 통째로 떨어져 나가는 경우가 있다고 한다. 나는 여기에 한마디 보태고 싶다. 인간의 경우도 마찬가지라고 말이다. 서로 치열하게 경쟁을 하다 보면 당장은 자기가 다른 사람을 밟고 올라설지 몰라도 궁극에는 다 함께 공멸하게 된다. 적당히 자극받을 만큼만 경쟁하는 것이 현재 우리가 살고 있는 이 사회에서는 불가능한 일일까?

생김새는 다르지만 거북손도 따개비류

바닷가 바위틈에 떼 지어 붙어 사는 자루형 따개비류로 거북손(학명 *Pollicipes mitella*)이 있다. 머리 부분이 거북의 손(사실은 다리라고 해야 옳을 것이다)을 닮아서 거북손이라고 이름 붙여졌을 뿐, 거북과 전혀 관계가 없는 동물이다. 일본어로도 같은 뜻으로 가메노테カメノテ이다. 거북손은 따개비와 모양새는 다르지만 계통분류학적으로는 가깝다. 절지동물문 갑각강 소악아강 완흉목 부처손과 거북손속으로 분류되어 따개비와 같이 완흉목에 속하니 말이다. 다만 자루(병상부柄狀部)가 없어 무병류인 따개비와 다르게 자루가 있어서 유병류stalked barnacle로 분류된다. 몸은 4센티미터 크기로 머리와 자루 부분으로 되어 있다. 위쪽 머리 부분이 황갈색 네모꼴로 된 32~34개의 석회판으로 덮여 있고, 그 사이에 6개의 돌기가 나와 이것으로 호흡과 운동을 한다. 거북손의 아

거북손 ⓒ임형목

래 자루 부분은 석회질의 잔 비늘로 덮여 있고, 몸 색깔은 누런 회색이다. 자루로 갯바위에 붙어 살며, 바닷물에 잠겼을 때 머리쪽 석회판 사이에서 덩굴 모양의 가슴다리를 내놓아 물을 휘저어 플랑크톤을 모아 잡아먹는 부유물 여과섭식자란 면에서는 따개비와 같다.

거북손 역시 암수한몸으로, 알이 부화하여 성체가 될 때까지 변태를 하면서 모습이 크게 변한다. 알에서 부화하여 노플리우스 유생으로 자유생활을 하는 6차례의 변태 과정을 거쳐 시프리스 유생이 된다. 시프리스 유생은 큰 촉각에 있는 샘에서 석회질을 분비하여 적당한 물체에 몸을 붙여 성체로 자란다. 어린 시기 거북손의 분화 과정이 따개비의 그것과 매우 유사하다. 겉모양새로 봐서는 마디 다리가 있는 절지동물의 특징을 보여주지 않기 때문에 이런 분화 과정을 찾아내지 못했다면 따개비와 마찬가지로 종 분류가 어려웠을 것이다. 성체가 되었을 때 거북손과 따개비의 모양새가 확연히 서로 달라 분류학적으로 가깝다는 것이 의심스러웠는데, 어린 시기 분화 과정을 보고 그 유사성을 인정하게 되었다. 의심하고 증거를 찾고 논리적으로 표현하는 것, 이것이 바로 과학이다.

다섯 봉우리가 평평하게 배열되어 있는데, 이 중 양쪽 밖의 두 봉우리는 낮고 작으며 그다음 두 봉우리를 감싸고 있다. 이다음 두 봉우리가 가장 크며 가운데 봉우리를 감싸고 있다. 가운데 봉우리와 양쪽 밖의 작은 봉우리들은 모두 두 개가 합쳐져서 껍데기를 이룬다. 색은 황흑이다. 봉우리의 뿌리는 껍질로 주위가 싸여 있다. 그 껍질은 유자 같아 촉촉하고 윤기가 흐른다. 바위틈의 좁고 더러운 곳에 뿌리를 내려 바람과 파도를 막는다. 속에는 살이 있는데, 살에도 붉은 뿌리와 검은 털이 있다. 조수가 이르면 그중 큰 봉우리를 열어 털로 이를 받아들인다. 맛은 달다.

_『자산어보』

손암 선생은 거북손을 오봉호五峯螺, 속명으로 보찰굴로 소개하며 역시 굴과 같은 조개류로 여겼다. 선생의 글에는 이렇게 조수에 따라 입구를 열고 닫는 기작까지 자세하게 기술되어 있다. 바닷가에 쪼그려 앉아 오래 관찰하지 않고서는 발견할 수 없는 동작이다.

울릉도에서는 거북손을 보찰 또는 검정발이라고 부르며, 귀한 음식으로 여겨 손님을 대접할 때 이용했다고 한다. 『자산어보』에 '보찰굴'이라고 기록된 거북손의 속명이 육지에서 멀리 떨어진 울릉도라는 섬에 '보찰'이라고 살아남아 있다니 흥미롭다. 석회질 부분은 비료를 만드는 데 재료로 사용되지만 몸의 연한 부분은 먹을 수가 있다. 거북손을 살짝 삶아 검은 겉껍데기를 벗기자 맛살처럼 연분홍색 살이 나온다. 속살을 빼내어 먹어보면 짭짤한 간이 배어 있고, 오징어나 문어 맛도 좀 있어 뭔가 특유의 맛이 느껴진다. 통째로 삶아 우려낸 국물을 육수로 사용하여 라면을 끓여 먹으면 이 또한 별미이다.

그런데 <삼시세끼 어촌편>에 거북손이 등장한 이후, 판매가 10배로 늘고 값이 올랐다. 아니나 다를까 도를 넘는 남획이 자행되면서 현지에는 개체수가 눈에 띄게 줄었다고 한다. 텔레비전에 한 번 출연하면 금방 유행을 타는 시대의 분위기에 괜히 쓸쓸해진다. 먹어본 사람들의 먹방 후기를 보니 가격에 비해 먹을 것이 별로 없고 맛도 썩 뛰어난 것도 아니라고 한다. 차라리 다행이다. 맛이 뛰어나고 무엇에 효험이 있다고 소문이 나면 전국 해안가 갯바위에 붙어 있는 거북손에게 수난시대가 오고 머지않아 전멸할지도 모를 테니 말이다.

4장. 뼈대 없는 가문?
휘어질지언정 꺾이지 않는다

알고 보면
뼈대 있는 진짜 양반

오징어

오징어, 문어 등의 두족류에는 먹물주머니가 있다. 위험에 처했을 때 먹물을 내뿜고 도망가곤 한다. 그런데 이 먹물로도 붓글씨를 쓸 수 있을까? 우리가 붓글씨를 쓰는 먹물은 탄소 가루로 만든 것이기 때문에 언제나 검지만, 오징어가 뿜는 먹물은 단백질의 일종인 멜라닌 색소라서 시간이 지나면 탈색된다. 쓴 직후에도 먹물처럼 검지는 않아 글씨를 쓰기에는 어렵다.

소위 배웠다는 사람들을 얕잡아보는 말로 '먹물'이란 표현을 쓰곤 한다. 말만 무성하고 정작 행동할 때는 쏙 빠지는 기회주의 꼴을 보고 '먹물근성'이라고 하니 말이다. 먹물이 세월과 함께 바래듯, 먹물근성도 시간이 지나 성숙해지면서 빠졌으면 좋겠다.

우리 집안의 정신적 중시조 격인 증조할아버지께서 내 어릴 때 "개화되면서 상것이 없어졌지, 양반이 없어진 것은 아니다"라고 말씀하신 적이 있다. 상반을 구분하자는 봉건적인 사고라기보다는 사람의 도리를 다하고 살지 않는 세태를 걱정하신 것이라고 나는 이해하였다. 지금의 인간 세계에는 족보가 무의미해졌지만, 물고기 세계에는 여전히 가문이 남아 있다. 일명 '분류체계'라는 것인데, 종의 분화 과정에 따른 족보인 셈이다. 뼈대 없는 것처럼 보이는 연체류에도 뼈가 남아 있고, 뼈대로 갑옷 무장한 갑각류 속에는 뼈가 없으니 눈에 보이는 세상이 다 진실은 아니다.

오징어 다리가 8개라고?

"자玆는 흐리고 어둡고 깊다는 뜻이다. 흑黑은 너무 캄캄하다. 자는 또, 지금, 이제, 여기라는 뜻도 있으니 좋지 않으냐. 너와 내가 지금 여기에 사는 섬이 자산이다. (…) 자 속에는 희미하지만 빛이 있다. 여기를 향해서 다가오는 빛이다. 이 바다의 물고기는 모두 자산의 물고기다. 나는 그렇게 여긴다."

김훈의 소설 『흑산黑山』에서 정약전이 창대와 마주하고 말하는 장면이다. 여기서 자산은 흑산을 말한다. 이곳 자산에도 오징어가 살았고, 그래서 정약전의 『자산어보』에는 오징어가 '오적어烏賊魚'라는 이름으로 자세하게 기술되어 있다.

큰 놈은 몸통이 한 자 정도이다. 몸은 타원형으로서 머리가 작고 둥글며, (…) 머리끝에 입이 있다. 입 둘레에는 여덟 개의 다리가 있어 (…) 이것을 가지고 앞으로 나아가기도 하고 물체를 거머잡기도 한다. 그 발 가운데 특별히 긴 두 다리가 있다. (…) 이 오징어의 살은 대단히 무르고 연하다. 알이 있다. 가운데 있는 주머니에는 먹물이 가득 차 있다. (…) 맛은 감미로워 회나 마른 포 감으로 좋다. 그 뼈는 곧잘 상처를 아물게 하며 새살을 만들어낸다.

역시 관찰력이 훌륭하다. 형태뿐만 아니라 행동까지 제대로 묘사하고

있다. 그런데 이 글을 읽다 보면, 선생이 일을 거들어주던 창대한테 속은 것 같다는 생각이 든다. 오징어의 다리가 8개라고 기술했는데, 기술되어 있지 않은가. 누구나 알 듯이, 문어나 낙지, 주꾸미는 다리가 8개이고 오징어, 갑오징어, 꼴뚜기는 다리가 10개이다. 그렇다면 창대가 다리 2개를 뜯어 먹었다는 결론을 내릴 수밖에 없다. 위대한 손암 정약전 선생께서 관찰을 잘못할 리가 없지 않은가. 『자산어보』에는 오적어라는 이름에 대한 유래도 적혀 있다.

> 날마다 물 위에 떠 있다가 날아가던 까마귀가 이것을 보고 죽은 줄 알고 쪼으려 할 때에 발로 감아 잡아가지고 물속에 들어가 잡아먹는다고 했다. 그래서 오적이라는 이름이 주어졌다고 했다. 까마귀를 해치는 도적이라는 뜻이다.

오징어란 이름이 오적어에서 변화됐을 것이라는 이야기는 인구에 회자된 지 오래이다. 그런데 아무리 생각해봐도 오적어는 현재 우리가 말하는 오징어, 즉 '살오징어'가 아닌 듯하다. 상처를 아물게 하고 새살을 만들어 내며 해표소海鰾鮹라 기록된 그 뼈는 지금 갑오징어 연갑軟甲을 일컫는다. 뼈 없이 흐물거리는 오징어 따위에도 속 깊은 곳에 뼈대가 있었다는 사실을 알고는 선생은 무슨 생각을 하셨을까? 사실 여기서 오적어라 부르는 놈은 갑오징어이다. 현재 살오징어에 해당하는 오징어는 『자산어보』에서 고록어高祿魚라 부르며 귀중히 여기는 놈이다.

정약전의 『자산어보』 친필

그런데 또 현재 고록은 꼴뚜기 종류를 부르는 사투리로 쓰이니, 머리가 복잡해진다.

밤바다를 수놓는 오징어의 영롱한 빛

우리가 보통 울릉도 오징어라고 부르는 놈의 공식 우리말은 살오징어(학명 *Todarodes pacificus*, 영명 Common squid)이다. 오징어는 문어, 낙지와 함께 몸에 골격이 없고 유연한 연체동물이며 두족류에 속한다. 오징어의 길이는 다리 길이가 변하기 때문에 다리를 제외하고 상대적으로 변형이 적은 외투의 길이 즉, 동장을 기준으로 한다. 다 자란 살오징어는 동장이 30센티미터 이상이다. 외투는 원통형이고 꼬리 부분은 원추형이다. 외투 등 쪽 중앙에 넓고 검은 띠가 있다. 오징어의 신체구조는 배-머리-다리의 순서로 되어 있는데, 우리가 흔히 오징어의 머리라고 부르는 부위가 실제로는 오징어의 배인 것이다. 배에는 내장과 먹물주머니가 들어 있고 이 몸통에 일명 오징어 귀라고 부르는 삼각형의

고록어라고 불렸던 살오징어

지느러미가 붙어 있다. 양쪽 지느러미를 펼치면 긴 마름모꼴이다. 지느러미는 외투의 꼬리 쪽으로 갈수록 좁아져 꼬리 끝에 붙어 있으며 그 길이는 외투장의 30퍼센트 정도이다. 지느러미는 헤엄칠 때 방향키 역할을 하는데, 비행기의 꼬리날개와 같다.

10개의 다리 중 유달리 긴 2개는 팔에 해당하는 촉완觸腕이다. 나머지 다리에는 2줄로 흡반이 나 있고 팔에 해당하는 촉완에는 흡반이 4줄로 나 있는데, 이 2줄의 흡반이 특히 크다. 이렇게 긴 팔은 먹이를 잡을 때나 교미할 때 먹잇감이나 암컷을 힘껏 끌어안는 데 사용한다. 수컷의 다리가 변형되어 정포를 암컷에 옮겨주는 교접완은 생식기의 역할을 한다. 다리와 배 사이에는 눈과 입이 달린 부분이 있는데 여기가 머리이다. 결국 머리 위에 다리가 달린 형상이다. 어릴 적 오징어 눈이라고 하며 까서 먹던 키틴질의 그것은 사실은 눈이 아니고 오징어 이빨이다. 일반적으로는 물고기가 머리를 앞쪽으로 해서 유영하지만, 오징어는 꼭 그렇지는 않다. 오징어는 물을 뿜어내는 수관인 누두漏斗의 방향을 자유자재로 바꿀 수 있기 때문에 전후좌우 어디로든지 헤엄칠 수가 있다.

문어와 마찬가지로 성숙된 오징어 수컷은 교미시기가 되면 몸뚱이가 오색의 영롱한 빛으로 변해 미성숙한 암컷 오징어를 노려 교미한다. 암컷을 발견한 수컷은 10개의 팔다리를 번쩍 들어 펴고는 흡사 무도회에서와 같이 암컷 앞에서 춤을 추듯 빙빙 돌며 구혼을 한다. 수컷의 구

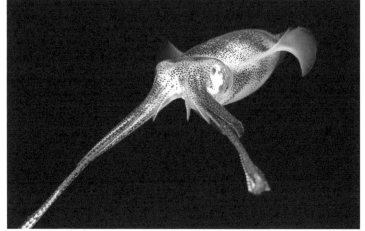

갑오징어(위)와 살오징어(아래) ⓒ김광복

혼을 받은 암컷은 미성숙한지라 힘없이 수컷에게 몸을 맡긴다. 그러다가 수컷이 팔짱을 끼어 잡는 순간 암컷의 몸도 화려하게 색을 바꾸고, 그렇게 둘은 물 밑 / 물속 안전지대로 서서히 이동한다. 이때가 수컷의 정자가 암컷에게 옮겨지는 순간이다. 암컷은 수란관에 캡슐 형태의 정자주머니를 보관했다가 난자가 성숙한 뒤에야 수정하여 부화를 시키고 삶의 최후를 맞는다. 그 삶은 길어야 1년 정도이다. 최근 학설에 의하면 오징어가 짝짓기를 시도할 때 반짝거리는 시각적 신호로 의사소통을 통해 암컷이 주도적으로 수컷의 정지를 받는 것을 결정한다고도 한다.

살오징어는 계절에 따라 3개의 산란군으로 나뉘는데, 1~3월에 산란하는 겨울발생군과 6~8월 여름발생군, 그리고 9~11월 가을발생군이 그것이다. 살오징어는 200미터보다 얕은 해저 수온 10~21℃, 염분 19.00퍼밀 이상에서 산란하는 것으로 알려져 있다. 품고 있는 알의 수를 가리키는 포란수는 30~50만개, 알의 모양은 타원형으로 크기는 장경 0.8밀리미터, 단경 0.7밀리미터이다. 부화하면 보름 정도 유생으로 떠다니다가 변태를 하여 제대로 모양을 갖춘 어린 오징어가 된다. 태어난 지 1개월이 지나면 4~5센티미터 정도 자라며, 6개월이 지나면 동장 14~19센티미터, 체중 70~160그램으로 성장한다. 11~12개월이 되면 동장 22~27센티미터, 체중 230~430그램으로 자란다.

살오징어는 수명이 1년으로, 성장이 빨라 부화 후 10개월이 지나면 생물학적 최소체장인 동장 20센티미터로 성숙단계가 된다. 오징어는 일생에 걸쳐 1회 산란만으로 죽고 만다. 즉, 고도의 운동능력과 특수한 섭이양식 및 효율적인 소화-흡수관을 갖고 대단히 빠른 속도로 성장

을 진행시킨 후 생식주기를 되풀이하지 않는 것이다. 오징어는 낮에는 5~15℃의 수온이 낮은 100~200미터 저층에 있다가 밤에는 수온이 높은 20~50미터 표층으로 부상하는 일주기 수직이동을 반복하기 때문에 내온성이 강해 5~6℃의 온도 차가 있어도 충분히 견딘다.

우리도 뼈대 있는 가문의 자손이올시다

물회 좋아하는 사람들은 한치 물회를 선호한다. 육질이 물컹거리지 않고 씹는 식감을 느낄 수 있기 때문일 것이다. 한치가 다리가 짧아 한 치(3.3센티미터)밖에 안된다고 하여 붙여진 이름이라는 것은 누구나 알지만 그 생물학적 실체를 아는 사람은 그리 많지 않다. 우리가 흔히 '한치'라고 부르는 것들은 오징어목 꼴뚜깃과에 속하는 화살오징어(학명 *Loligo bleekeri*), 창오징어(학명 *Loligo edulis*), 한치오징어(학명 *Loligo chinensis*)라는 종들을 통칭한다. 다만 이들 셋은 사는 곳이 조금씩 다르다. 화살오징어는 동해 남부 해역에서 봄철에 잡히고, 제주 해역에서는 여름철에 창오징어가 많이 잡힌다. 화살오징어는 창오징어와 비교해서도 꼬리 끝이 아래로 처져 있고 더 날씬하게 보여 꼬리가 뾰족한 게 가장 두드러진다. 화살오징어의 지느러미는 몸통의 60퍼센트를 차지할 정도로 긴 마름모꼴을 하고 있다. 이런 형태 때문에 물속에서 유

살오징어와 달리뼈(연갑)을 가진 갑오징어

영하는 모습이 마치 시위를 떠난 화살처럼 날렵하다. 이런 생김새 때문인지 화살오징어는 '창'보다도 뾰족한 '화살촉'같이 생겼다 해서 붙인 이름인데, 나라마다 부르는 이름은 다르지만 의미는 매한가지이다. 영어로는 애로 스퀴드Arrow squid, 일본어로도 같은 의미인 야리이카ヤリイカ, 槍烏賊이다.

일명 '호래기'라고 부르며, 잡자마자 한입에 호로록 먹어치우는 작은 오징어는 매오징엇과에 속하는 반딧불매오징어(학명 *Enoploteuthis chun*i)나 꼴뚜깃과에 속하며 일반적으로 반원니꼴뚜기라고 부르는 일본오징어(학명 *Loliolus japonica*)를 일컫는 것 같다. 지역마다 작고 여린

오징어를 통칭하기도 하니 시료를 분석해볼 일이다. 외신에서나 희귀종으로 보도될 만한 대형 오징어가 동해안에서도 가끔 잡히는데, 오징어목에 속하는 날개오징어(학명 *Thysanoteuthis thombus*)가 그것이다. 어민들은 종종 1미터 정도로 큰 날개오징어를 대포알처럼 크다고 해서 '대포알오징어' 또는 '대포한치'라 부르기도 한다. 현지에서 주민들이 부르는 방언은 학술적으로 공식화한 표준명과는 차이가 있는데, 방언이란 자연발생적인 특성상 유사한 여러 종을 싸잡아 부르기 때문이다. 그러니 굳이 고쳐서 가르치려 할 필요는 없다. 다만 혼동을 줄 것 같은 경우는 바로 잡을 필요가 있다는 생각이다.

다리가 열 개인 두족류로 갑오징어목 갑오징어과에 속하는 참갑오징어(학명 *Sepia esculenta*)라는 놈도 있는데, 몸속에 서핑보드 모양의 석회질로 된 연갑을 가지고 있어 우리가 흔히 갑오징어라고 말한다. 연체동물중 가장 뼈대가 있는 집안의 자식이다. 언젠가 인터넷상에서 게임 캐릭터를 닮은 귀여운 모습으로 인기몰이를 했던 귀꼴뚜기(학명 *Euprymna morsei*), 좀귀꼴뚜기(학명 *Sepiola birostrata*)를 포함한 꼴뚜기류가 언뜻 보기에는 비슷해 보이는 오징어목에 속하지 않고 갑오징어목 귀오징어과에 속한다고 하니 분류체계가 참 오묘하다. 볼품없고 보잘 것 없는 것의 비유로 '어물전 망신은 꼴뚜기가 시킨다'라고 하지만, 알고 보면 갑오징어 족보에 올라 있는 뼈대 있는 가문이다.

동에 번쩍 서에 번쩍, 오징어를 찾아서

1990년대 국립수산과학원(당시 국립수산진흥원)에 신입 연구원으로 들어가 우리나라 수산업의 어획상황을 분석하는 어황실에 근무할 때이다. 전국의 수협 위판장에서 수집한 어황자료를 분석해서 어황예보를 하는 것이 업무였다. 주간 단위로 전국에서 보고된 어황자료는 배 타고 직접 조사한 결과보다야 정확도가 떨어지겠지만 비교할 수 없이 방대한 자료이다. 여러 장소에서 보내온 수십 년간 축적된 자료를 어떻게 과학적으로 분석하느냐에 따라 좋은 연구결과를 만들 수 있기 때문이다. 그때만 해도 젊고 의욕이 넘쳐 좌충우돌하고 다니던 물고기 박사가 오징어 관련해 유일하게 한 편의 논문을 썼는데, 해양환경 변동에 따른 오징어 분포 특성에 관한 논문이 그것이다.

살오징어는 우리나라 동해안을 비롯하여 남해, 서해와 일본 연안 및 동중국해를 포함하는 북서태평양의 전 연안 해역에 분포하며, 계절에 따라 남북으로 회유하는 것으로 알려져 있다. 1980년부터 1994년까지 평균한 월별 어장 형성 자료를 가지고 회유 경로를 분석하였다. 오징어는 3월에 연중 가장 남쪽에 분포하다가 4월 이후 북상하기 시작하여 8월 성어기에는 가장 북쪽인 대화퇴 주변 해역에서 형성되고, 9월부터 남하하여 겨울 이후부터 봄철까지의 한어기에는 동해 남부와 남해로 남하하여 월동하는 것으로 나타났다.

동해 연안에서만 이루어졌던 오징어채낚기어업이 1975년 이후 자동 조획기가 개발됨에 따라 어획량이 늘면서 먼 바다까지 어장이 확장되었고, 현재는 동해 연안과 울릉도, 독도, 대화퇴 및 대마도 사이의 해역에서 조업이 이루어지고 있다. 우리나라 오징어 어획량의 연도별 장기 변동을 살펴보면, 1920년대 중반에서 1940년대 후반까지는 1만 톤 이하의 수준에서 큰 변동을 보이지 않다가, 1949년에 3만여 톤으로 늘어난 이후 계속 증가 추세를 보여 1963년에는 10만 톤을 넘었다. 이후 증감을 반복하며 다소의 증가 추세에 있던 오징어의 어획량은 1990년 이후 급격히 증가하여 1993년에는 20만 톤 이상의 높은 수치를 나타내었다. 1996년 25만 톤을 정점으로 2004년까지는 20만 톤 정도를 유지하다가 감소 추세를 보여 2015년에는 15만 톤이 어획되었다.

오징어 어획의 풍흉을 좌우하는 요인으로서는 자원 밀도에 일차적인 영향을 받겠으나, 잠재적으로는 재생산력에 영향을 미치는 어미자원량을 들 수 있다. 다시 말해, 산란된 알의 양(산란량), 부화한 양(부화율) 및 자어, 치어가 어획 대상이 되는 자원으로 가입하는 양(생잔율)과 관계가 있다. 또 다른 요인으로는 조업 어장으로 들어오는 오징어 어군의 내유량과 내유시기에 영향을 미치는 해양 환경 조건을 들 수 있다. 내 논문에서도 어장에서 형성되는 서로 다른 수온의 물덩이가 만나 수온이 조밀하게 분포하는 수온전선대의 형성 양상과 어획상황(어황)과는 밀접한 관계가 있는 것으로 나타났다. 북상하는 난류 세력과 남하하는 한류 세력이 만나 형성되는 수온전선대가 조업 어장 내에서 동서 방향으로 형성되면 북상하는 오징어에게는 수온장벽의 역할을 하게 되어 어군이 밀집됨으로써 어황이 좋았다. 반대로, 수온전선대가 연안을 따라 남북 방향으로 길게 형성되면 오징어 어군은 수온전선대를 따라 북상하는 데 방해를 받지 않게 되므로 조업 어장이 북측 해역으로 올라가 남측에서는 어황이 좋지 않았다. 이렇게 이른바 '수온장벽'설을 제시하였으나, 북측의 자료를 확보하기 어려워 검증되지 못하고 아직 '설'로서만 남아 있다. 오징어의 경우 비늘이 없이 피부로 노출되어 있어 작은 수온의 변화에도 민감하게 반응할 것이라는 생각이다. 앞으로 남북한이 공동으로 연구할 과제로 남아 있는 실정이다.

2015년 여름 동해에서 넘쳐나야 할 오징어가 서해에서 풍어였다는 뉴스를 접했다. 동해는 물이 차서 오징어가 잡히지 않아 어민들이 울상이라는 소식까지 보태졌다. 내게는 이 뉴스가 그리 신기한 일도 아니었다. 1980년대 어느 해인가도 서해에서 오징어가 대풍이라고 신문지상을 도배한 적이 있음을 기억하고 있기 때문이다. 내가 연구소에 근무할 때, 이 뉴스가 사실인가 궁금하여 오징어 어황자료를 분석한 적이 있다. 1980년 이후에 한국 연안을 동해와 서해로 나누어 어획량 변동 추이를 살펴보았더니, 실제로 동해와 서해가 서로 역전 현상을 보였다. 2015년 여름 서해 오징어의 풍어는 같은 상황의 재현인가? 만일 그렇다면 동해의 오징어가 서해로 갔다는 말인가? 내가 논문에서 제시했던 수온장벽설과 함께 남쪽 바다에서 산란한 가을발생군과 겨울발생군의 북상 재가입에 영향을 주는 해류 수송 변동의 가능성도 열어두고 연구해볼 일이다. 시간이 꽤나 지났으니 그만큼의 자료도 축적이 되었다. 오징어가 서쪽으로 간 까닭을 알아야 할 때이다.

먹물 좀 먹어본
바다의 지식인

문어

축구를 좋아하는 사람이라면 아마 기억할 것이다. 2010년 남아프리카공화국 월드컵에서 주요 경기 승리팀을 모조리 적중시킨 '점쟁이'가 있었으니, 그는 다름 아닌 '파울'이란 이름의 문어였다. 수족관에 들어간 파울은 양쪽 팀의 국기가 각각 그려진 2개의 유리상자 중에 한 상자 안으로 들어가 홍합을 취하는 것으로 우승을 점쳤다. 결승에서 스페인의 우승은 물론, 3-4위전에서 독일의 승리를 예견하는 족집게 실력을 유감없이 발휘하였다. 과학자인 내가 어떻게 문어가 앞을 내다볼 수 있는가 분석하는 것은 무의미하다. 다만 자연계에서 문어의 행동을 보면, 생각보다 영리한 생명체라는 것에는 동의할 수밖에 없다.

문어는 위협을 느끼게 되면 수관水管으로 물을 분사해 재빨리 도망가는 동시에 먹물을 뿜는다. 이 먹물 덕택에 글깨나 하는 물고기로 여겨져 '글월 문文'자를 붙여 '문어'라고 높여 불렀다. 어느 만화에서 민머리에 코를 길게 뽑아내고 8개의 다리를 쫙 편 문어가 항상 식자층으로 등장하였던 기억이 있다. 또, 어릴 적 우주에 관한 공상과학영화를 보면, 반드시 문어를 닮은 외계인이 출현하였다. 지금 와서 생각해보니 머리에 다리가 붙은 두족류가 인간이 상상할 수 있는 가장 기괴한 모습일뿐더러 글을 깨친 문어의 우수한 두뇌를 인정했기 때문이 아니었을까 싶다.

꼭꼭 숨어라 머리카락 보일라…?

문어의 진화는 슬픔과 승리의 역사이다. 고생대에 출현해서 중생대에 번성했던 암모나이트는 나선형의 딱딱한 껍데기를 가진 연체동물이다. 그러나 등뼈를 가지고 빠르게 헤엄치는 척추동물이 나타나면서 유영력이 떨어지는 이들은 과감한 변신을 할 수밖에 없었다. 더 빠르게 움직이기 위해 무거운 갑옷을 벗고 수관으로 물을 내뿜어 추진할 수 있게 변한 것이다. 그러나 껍질이 없어짐에 따라 방어에는 몹시 취약하였고, 그 대안으로 바닷속 세계에서 가장 뛰어난 위장 능력을 갖게 되었다.

문어의 피부는 크로마토포레스chromatophores라는 세포로 이뤄져 그 안에 적·흑·황 색소주머니를 가지고 있는데, 신경자극을 통해 이들 색소를 적절히 배합해 몸 표면을 자신이 원하는 색으로 순식간에 바꿀 수 있다. 해파리, 바다뱀, 불가사리 등의 다른 해양동물 모양으로 변하기도 하고, 심지어 빈 조가비를 들고 다니면서 필요에 따라 은신처로 사용하여 그 안에 숨기도 한다. 이와 같은 위장은 자신을 보호하는 것뿐 아니라 사냥을 하는 데도 도움이 된다.

뼈 없는 동물 중에 몸이 흐물거린다 해서 연체동물이고, 그중에 머리에 다리가 붙었다고 해서 두족류頭足類, cephalopod에 속한다. 그 다리라 부르는 팔의 개수에 따라 다시 구분을 하는데, 오징어는 팔이 10개라서

문어의 위장

십완류decapod, 문어는 팔이 8개라서 팔완류octopod이다.

최근 문어목 문어과의 분류학적 고찰에 변화가 생겼다. 1999년 국립수산진흥원(지금의 국립수산과학원)에서 발행한 『한국연근해 유용연체동물도감』과 2006년 아카데미서적에서 발행한 『한국해양무척추동물도감』에서는 주꾸미, 낙지, 왜문어, 문어가 한 속屬, Genus에 포함되어 있었다. 그런데 2016년 패류학회에서 발행한 『한국의 연체동물』에는 문어과에 3개의 속이 나뉘어 있다. 주꾸미속에 주꾸미, 문어속에 낙지와 참문어, 그리고 진문어속에 문어로 분류하였다. 속명을 분리했을 뿐만 아니라 '왜문어'를 '참문어'로 개명하였다. 이렇게 과학은 새로 발견하고 분석하며 변하고 발전한다. 그래서 과학은 지루하지 않다.

문어를 영어권에서는 일반적으로 옥토퍼스Octopus라 부르는데, 옥토 Octo 혹은 옥타Octa는 숫자 8을 의미하고 퍼스pus는 발이라는 뜻으로 8개의 발을 가진 동물을 가리킨다. 이 외에 커먼 옥토퍼스Common octopus, 노스 피시픽 자이언드 옥도퍼스North Pacific giant octopus, 사이언트 퍼시픽옥 토퍼스Giant Pacific octopus, 데블 피시Devil fish라 부르고, 일본어로는 미즈다 코ミズダコ, 水蛸, 중국어로는 원위文魚, 짱위章魚, 따바샤오위大八梢魚, 빠따 이위八帶魚, 빠샤오위八梢魚, 쌰오뤼鱆 등으로 다양하게 부른다. 우리나라 동해에서 일명 '피문어', 크다고 해서 '대문어' 또는 '대왕문어', 그리고 살이 무르다고 해서 '물문어'라고 하는 것이 모두 문어(학명 *Enteroctopus dofleini*)를 말하는 것으로 판단된다. 그리고 상대적으로 수심이 낮은 남 해안 암초 지대에 사는 일명 '돌문어'가 그동안 '왜문어'라 불렸던 '참문 어'일 가능성이 크다.

문어의 습성을 이미 다 꿰뚫어 본 실학자

문어는 우리나라 동해와 남해 그리고 일본, 베링해, 알레스카 등의 먼 바다 수중 암초나 섬 주변 암반 조하대에 주로 산다. 문어는 전체 크기가 3미터에 달하는 대형종으로 외투막은 길이가 폭보다 약간 긴 난원

산란된 알을 돌보는 문어 ⓒ김광복

형이다. 몸 표피는 부드럽고 늘어나 있어 주름이 잡히며 작은 유두乳頭가 많다. 문어는 몸통, 머리, 다리 또는 팔의 세 부분으로 되어 있다. 다리가 붙어 있는 가운데 부분이 눈과 입이 있는 머리이고, 대부분 사람들이 머리라고 상상하고 있는 둥근 부분이 몸통으로 내장이 들어 있다. 다리는 8개인데, 양쪽 제1다리가 가장 길고 제2다리, 제3다리, 제4다리 순으로 짧아진다. 수컷의 오른쪽 세 번째 다리 끝부분에는 흡반(또는 빨판)이 없고 도랑이 있는데, 이것이 교접완hectocotylus으로 성기 역할을 한다.

문어는 가을(11~12월)에 교미하여 봄~여름(4~6월)에 해안가 얕은 곳 암초 지대에서 산란한다. 문어가 짝짓기 할 때는 수컷이 교접완을 뻗어 정협을 암컷의 수란관에 넣는다. 교미를 한 수컷은 이내 기력이 쇠진해져 깊은 수심으로 돌아가 죽는다. 그러나 암컷은 할 일이 남아 있다. 암컷은 교미 후 3~4주가 지나면 수만 개의 알을 낳아 암초나 바위굴 천장에 덩어리로 붙여서 주렁주렁 늘어뜨린다. 이후 알이 깰 때까지 아무것도 먹지 않고 수개월간 주위에 머물며 정성껏 알을 돌보다가, 일단 알이 부화되어 새끼들이 태어나면 암컷은 힘과 아름다움을 잃고 죽고 만다.

무리의 절반이 산란에 참여하는 크기를 가리키는 생물학적 최소형은 체중 15킬로그램이다. 1년생 문어는 체중 1킬로그램 미만이고, 3년이 되면 10킬로그램 이상으로 성장하며 수명은 3~4년이다.

큰 놈은 길이가 여덟아홉 자, 머리는 둥글고, 머리 밑에 어깨뼈처럼 여덟 개의 긴 다리가 나와 있다. 다리 밑 한쪽에는 국화꽃과 같은 단화團花가 서로 맞붙어서 줄을 이루고 있다. 이것으로써 물체에 흡착한다. 일단 물체에 붙고 나면 그 몸이 끊어져도 떨어지지 않는다. 항상 석굴石窟에 엎드려 있으면서, 그 국화 같은 발굽을 사용하여 전진한다. 여덟 개의 다리 복판에는 한 개의 구멍이 있는데 이것이 입이다. 입에는 이빨이 두 개 있다. 이빨은 매의 부리와 같이 매우 단단하고 강하다. 물에서 나와도 죽지 않으나, 그 이빨을 빼면 곧 죽

는다. 배와 장이 거꾸로 머리 속에 있고, 눈은 그 목에 있다. 빛깔은 홍백색으로서 그 껍질의 막을 벗기면 눈 같이 희다. 국제菊蹄(국화 모양의 발굽)는 붉은 빛깔이다.

_『자산어보』

놀랍다. 이때 이미 문어의 배-몸통-다리의 구조를 알았을 뿐 아니라, 수심 깊은 굴에 사는 문어의 습성까지 파악했다니 말이다. 실생활의 유익을 목표로 관찰하고 실증하는 학문인 '실학'은 곧 과학이었다.

보통 문어를 잡는 데는 노끈으로 단지를 옭아매어 물속에 던지면 얼마 뒤에 문어가 스스로 단지 속에 들어가는데, 단지가 크고 작음에 관계없이 단지 한 개에 한 마리가 들어간다.

_『전어지』

문어를 잡는 이 방법은 지금까지도 사용하고 있는 '문어단지'라는 어구어법으로 문어가 은신처에 들어가 상주하려는 습성을 이용한 것이다. 현대에는 연승, 통발 등을 사용하여 잡는 쪽으로 더 많이 발달되어 있다. 문어는 9월에서 이듬해 2월까지 겨울이 제철이다.

서쪽의 악마, 동쪽의 마스코트

문어를 잘 먹는 사람들은 한국, 일본, 중국 등의 동양인이다. 이탈리아나 스페인처럼 전통적으로 수산물을 즐기는 서양 사람들조차도 문어를 잘 먹지 않는다. 성서의 가르침에 따른 것으로, 문어를 데블 피시라고 부르며 악마의 고기로 혐오하기까지 한다. 구약성서에 "비늘이나 지느러미가 없는 물고기는 먹어서는 안 된다"라고 기록되어 있어 식용으로 기피하는 것이다. 이 말고도 또 다른 이유가 있는데, 연체동물의 성적 취향에서 연유한다고 한다. 문어나 오징어 같은 두족류의 수컷이 미성숙 암컷과 교미를 하는 생물학적 특성을 음흉하다고 보는 것이다. 음욕이 나면 수컷은 온몸에 영롱한 오색이 돋아나 한껏 아름다움을 과시하며 성숙하지 않은 암컷을 유인하여 교미를 한다. 이런 이유로 서양인들은 문어를 먹지 않을뿐더러 영화에서는 문어가 종종 요괴로 그려진다.

흔히 사람들은 '문어 발, 오징어 다리'라는 말을 사용하곤 한다. 왜 문어는 '발'이고, 오징어는 '다리'일까? 어원적으로 발은 동사 '밟다', 다리는 '달리다'와 연관된 듯한데, 문어가 물속에서 실제 걸음을 내딛는 것을 보고 그렇게 부르는 것일까? 대기업이 이것저것 가리지 않고 사업을 건드리는 것을 문어에 빗대어 '문어발식 사업 확장'이라고 표현한다. 문어가 폐쇄된 공간에서 자기 발을 뜯어 먹고 버티는 생태적 특성

이 있다는 것을 알고 나면 문어발식 사업 확장 역시 결국은 자기 살 뜯어먹기가 아닌가 하는 생각이 들어 씁쓸해진다.

2010년 일본 고베의 어느 작은 지역에 지인을 만나러 갔을 때, 이 도시가 문어를 캐릭터로 해서 여러 가지 흥미로운 일을 하고 있음을 발견하였다. 고베는 내해에 위치한 항구도시이니 인근에서 문어를 대상으로하는어업이 있을 것인데, 그래서인지 문어 형상의 간판을 단 어시장이 있었고, 버스노선을 문어발로 그린 안내판이 있기도 하였다. 이뿐만 아니라 문어를 넣어 구운 요리인 다코야끼는 대표적인 관광상품으로 시내 곳곳에서 만날 수 있었다. 이렇게 수산물 하나로 도시의 이미지를 만들고 관광객을 유치하는 일본의 수산문화가 부러울 따름이다.

음식에는 기억이 담긴다

예로부터 우리나라의 관혼상제에는 문어를 올린다. 그런데 사실 이는 동해안과 남해 동부에서나 해당하는 이야기일 것이다. 남해 서부와 서해안에서는 잘 먹지 않고 제상에도 올리지 않는다. 이 해역에서는 문어가 잘 나지 않기 때문에 먹기도 어려웠을 것이다. 결국 음식은 대대로 물려져 온 어머니의 맛에 대한 기억이 아니던가.

문어는 회로 먹는 경우는 드물고 대부분 삶아 먹는다. 문어와 오징어는 근육조직이 달라서 삶는 방법도 다르다. 문어는 고온에서 가열하면 육질이 질겨지므로 약한 불로 오래 끓여 부드럽게 만드는 반면에, 오징어는 끓여서는 안 되고 2~3분 살짝 데치는 것만으로도 충분하다.

문어숙회에 대한 나의 첫 경험은 부산 대연동 대남포차의 추억이다. 지금은 고인이 되었지만, 부산에서 근무할 때 사회에서 만난 유일한 친구와 함께 물어물어 찾아간 곳이 길가의 허름한 선술집이었다. 머리를 숙여 문 열고 들어서니 작은 공간에 특유의 시끄러운 경상도 사투리가 어지러웠다. 자리를 차지하고 앉으니 주문도 하지 않았는데 문어숙회와 소주 한 병을 내어 왔다. 처음 본 숙회란 놈을 살펴보니, 생 문

어를 통으로 익힌 후 썰어서 초고추장에 찍어 먹는 게 전부였다. 그래도 나는 신기해서 연신 젓가락질을 해댔는데, 동석한 친구는 강소주만 마시고 있었다. 술자리를 나와서 알고 보니 그 친구는 문어를 먹지 못했다. 친구의 호기심을 채워주려고 말없이 함께했을 뿐이었다. 문어 숙회에 대한 나의 추억은 고마운 기억이다.

풍수지탄의

부끄러움을 아는

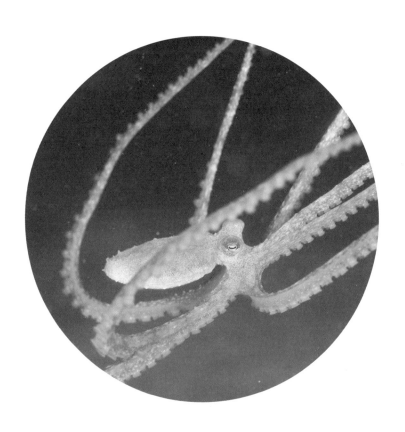

낙지

박찬욱 감독의 〈올드보이〉는 우리나라 영화사에서 빠지지 않고 거론
되는 명작 중 하나이다. 2003년에 칸영화제 심사위원 대상을 수상하
였으며, 이후 미국 할리우드에서 이 영화를 리메이크했을 정도이니
까 말이다. 이 영화의 명장면 중 하나로 소름 끼치는 낙지 신을 들 수
있다. 오대수(최민식 분)가 15년간 감금되었다가 풀려나와 산낙지를
우걱우걱 먹는 장면이다. 굳이 소름 끼친다고까지 표현한 것은 서양
에서는 낙지를 먹지 않을뿐더러 굉장히 혐오스러운 괴물로까지 생각
하기 때문이다. 서양인들에게는 낙지를 산 채로 먹는 장면이 놀라움
그 이상의 공포였을 것이다.

남도에는 소가 새끼를 낳거나 더위를 먹고 쓰러졌을 때 큰 낙지 한
마리를 호박잎에 싸서 던져주면, 이를 받아먹은 소가 벌떡 일어섰다
는 이야기가 전해진다. 그만큼 낙지가 원기회복에 좋다는 것이다. 실
제로 예전에는 산후조리용 음식으로 낙지를 넣은 미역국을 최고로
쳤다. 또 낙지는 다리가 많고 발달되어 있어 다리가 부실한 모든 증
상, 즉 각기나 신경통 치료에 특효라고 한다. 어린아이들의 팔다리가
힘이 없이 축 늘어져 있을 때 낙지에 기름을 발라서 매일 한 마리씩
정오에 먹으면 좋다는 주술 같은 요법도 전해온다. 낙지에는 필수아
미노산인 타우린과 히스티딘 등이 들어 있어 간 기능을 좋게 해주고
적혈구 형성을 도와 몸에 힘이 나게 한다. 〈올드보이〉에서 오대수가
산낙지를 먹고 괴력을 발산하는 데는 충분한 근거가 있는 셈이다.

어딜 가도 긴 팔 얘기는 빠지지 않아

낙지(학명 *Octopus minor*)는 분류학상으로 문어과 문어속에 속한다. 영어로는 채찍 같은 팔을 가지고 있다고 해서 휩 암 옥토퍼스Whip arm octopus, 또는 팔이 길다고 해서 롱 암 옥토퍼스long arm octopus라고 부른다. 일본어로도 역시 팔이 길다고 데나가다코テナガダコ라고 이름 붙여졌다. 우리나라에서는 예로부터 석거石距, 소팔초어, 낙자, 낙쭈, 낙찌, 낙치로 불리고, 요즘은 지역에 따라 펄낙지, 세발낙지, 돌낙지, 꽃낙지 등으로도 불리고 있다.

낙지의 몸통은 긴 난원형이며, 팔은 매우 길고 가늘다. 전장이 30~40 센티미터 정도이며 최대 70센티미터까지 성장한다. 구조를 보면 모든 두족류가 그러하듯 몸통, 머리, 팔로 구성되어 있다. 머리라고 생각할 수 있는 몸통에 심장, 간, 위, 장, 아가미, 생식기가 들어 있다. 몸통과 팔 사이에 위치하는 머리에는 뇌가 있으며, 좌우 한 쌍의 눈이 붙어 있다. 머리 아래 부위에 나 있는 주둥이처럼 보이는 수관으로 물을 빨아들여 호흡을 한다. 머리에 붙어 있는 8개의 팔 안쪽에는 흡반이 1~2열 있어 바위에 붙거나 갑각류나 조개를 움켜쥘 때 쓴다. 팔을 벌려보면 그 가운데 입이 있는데, 날카로운 턱판이 있고 그 속에 치설이 있어 잡은 먹이를 으깨어 먹는다. 연안 조간대에서 심해까지 분포하지만 얕은 바다의 돌 틈이나 갯벌에 구멍을 파고 산다. 간의 뒤쪽에는 먹물주머니가 있어 쫓기거나 위급할 때 먹물을 내어 적으로부터 자신을 보호한다. 이 먹물로 먹이생물을 일시적으로 마비시킨다고 주장하는 학자도 있다.

문어류와 같이 8개 다리가 방사형으로 나 있을 경우에는 좌우상하를 구별하기가 쉽지 않다. 그래서 기준을 정해놨는데, 눈이 있는 등 쪽을 보면서 좌우로 각 4개의 팔을 나누며 가장 길이가 긴 아래쪽 팔을 1번으로 해서 위쪽으로 순서대로 번호를 매겨 맨 위쪽 팔이 4번이 된다. 과학은 이렇게 참 객관적이다. 이 기준을 알면 낙지의 암수 구별도 쉽게 할 수 있다. 수컷의 경우, 머리를 아래로 하고 눈이 있는 등 쪽을 바라봤을 때 오른쪽 3번 팔이 왼쪽 3번 팔과 비교해서 끊어 먹은 것처럼 유난히 짧고 끝이 뭉뚝하다. 이 팔이 교접완으로 교미할 때 쓰는 기관이다. 그런가 하면 암컷 낙지의 경우 좌우 3번 팔이 모두 끝이 뾰족하며, 그 길이 차이가 크지 않다.

낙지가 자라면서 성숙하는데, 외투장(몸통길이)이 4.5센티미터 이하는 모두 미숙이고 8.0센티미터가 되면 모두 성숙한다. 생물학적 최소체장은 7.06센티미터이다. 그러니까 외투장 7센티미터보다 작은 낙지를 잡으면 낙지 가입량이 감소하는 원인이 되고, 급기야 낙지를 지속적으로 잡아먹기 힘들게 되는 것이다. 포란수는 어미의 크기에 따라 다르나 평균적으로 130여 개로 다른 문어류에 비해서 알의 수가 적은 편이다. 산란기는 지역마다 다르지만 대개 5~7월로 알려져 있는데, 6월을

수컷 낙지의 교접완 ⓒ김경순

산란 성기로 볼 수 있다.

낙지가 교접할 때는 서로 엉겨붙어 수컷의 교접완을 암컷의 외투강에 삽입시켜 정포를 넣는다. 교접 후 산란하기까지는 72~98일이 걸리며, 수온이 낮을수록 늦어진다. 산란할 때 문어와 주꾸미가 꽃 모양의 난 방이나 포도송이 모양으로 여러 개의 알을 붙여놓는 것과 달리 낙지는 몸에서 황록색의 부착물질을 내어 벽에 바른 다음 알을 1개씩 매달아놓는다. 그러고는 8개의 팔로 알을 어루만져주고 주변의 물을 불어내면서 애지중지 보살핀다. 인공부화할 경우 부화하는 데에 73~90일

이 걸리며, 역시 수온이 낮으면 더 오래 걸린다. 그런데 어미가 직접 알을 관리할 경우에는 1~2일 만에도 부화한다고 하니, 엄마의 사랑이 절대적으로 필요하다는 말이다. 이렇게 먹지도 않고 온몸으로 알을 부화시킨 어미는 체중이 반으로 줄고 2~3일이 지나 결국은 죽는다. 수컷은 교미 후 죽고, 암컷은 홀로 남아 새끼를 부화시키고 죽는다. 알 속에서 모든 기관이 발달한 새끼는 알 껍질을 찢고 발부터 나온다. 이때 체장은 4센티미터, 체중은 0.2그램이다. 부화하자마자 활발하게 헤엄치며 노는 것이 사뭇 철없어 보이기까지 한다. 인간들이 자기 혼자 큰 줄 아는 것과 매한가지이다. 그래도 낙지는 부끄러움은 아는지 낮에는 숨고 밤에 나와 논다.

목포를 중심으로 신안과 무안에서 낙지를 잡는 전통적인 어획방법으로 낙지연승(주낙, 줄낚시), 도수(맨손), 가래(삽) 등의 어구어법을 들 수 있다. 1990년대 1만 톤 이상 어획되었던 낙지가 2000년대 초반에는 5,000톤으로 60퍼센트나 감소되어 자원관리가 절실하게 요구되고 있다. 이와 같이 자원이 줄어드는 것은 소형기선저인망을 이용한 불법 조업과 생물학적 최소체장보다 작은 미성숙한 어린 낙지를 잡기 때문이다. 지역적으로는 전남이 어획량의 절반 이상을 차지하고, 다음으로 경남 30퍼센트, 충남 9퍼센트 등의 순으로 서남해 갯벌에서 주로 생산되고 있다. 계절적으로는 3~5월의 봄 어기와 9~11월의 가을 어기로 나뉘는데 가을철 어획량이 더 많다.

발이 3개 달린 낙지가 있다?

발이 3개라서 이름이 '세발낙지'인 것으로 잘못 알고 있는 사람은 이제 없다. 아직도 그걸 믿는다면, 다리 5개를 뜯어 먹고 줘도 모르는 무지한 사람임에 틀림없다. 무안에서 5~6월에 나는 어린 낙지의 발이 국수발처럼 가늘어서 '가늘 세細' 자를 붙여 '세발낙지'라고 부르게 되었다고 일반적으로 알려졌다. 오랫동안 현장에서 낙지를 다루었던 김동수 박사는 논문에서 지리적으로 가까운 중국 청도의 낙지와 서해안 가로림만 낙지는 서로 유사한 반면, 거리가 떨어져 있는 서남해안 탄도만과 득량만 낙지와는 형태적 차이가 있다고 보고하였다. 특히 남해안 거문도 개체군은 독자적인 형태로 분화하였을 가능성도 제시하였다. 즉, 수심이 깊은 곳에 사는 낙지는 갯벌에 사는 낙지에 비하여 팔이 짧아지는 경향이 있다는 것이다. 서남해안 갯벌에 사는 낙지를 두고 발이 가늘고 길어 '세발낙지'라고 부르게 된 과학적인 근거를 또 하나 제공한 셈이다. 서식처에 적응하기 위해 형태가 변형되었을 것인데, 이들 세발낙지가 유난히 팔의 성장이 빠른 원인은 앞으로 밝혀야 할 연구과제이다.

지역마다 낙지로 하는 요리가 조금씩 다르다. 무안에서 시원하게 국물과 함께 먹는 '연포탕'이나 낙지를 통째로 나무젓가락에 돌돌 말아 양념장을 발라 구워 먹는 '낙지호롱구이'에 세발낙지를 으뜸으로 쳐준

발이 가늘어서 세발낙지 ⓒ곽석남

다. 서산에서는 '밀낙'이라 부르는 '박속낙지탕'은 박속을 긁어내 끓인
국물에 산낙지를 살짝 익혀 먹은 후 햇밀을 갈아 만든 밀칼국수를 넣
어 먹는다. 낙지 맛은 계절과도 관계가 깊다. 서남해안 세발낙지나 서
해 중부의 밀낙은 음력으로 4~5월, 그러니까 늦은 봄에서 초여름의 낙
지가 어리고 야들야들 할 때가 제맛이다. 그런가 하면 한여름 펄 속에
서 충분한 먹이를 먹으며 온몸에 맛과 영양분을 듬뿍 담고 있는 가을
철 성숙한 낙지 한 마리는 인삼 한 뿌리와 같다는 옛말이 전해올 정도
이다.

정약전 선생도 낙지가 힘을 내는 식품이라고 언급하였다. 『자산어보』
에는 낙지를 '석거', '낙제어絡蹄魚'라고 적고 있다.

큰 놈은 네댓 척이고 모양은 문어를 닮았으나 발이 더 길다. 머리는 둥글고 길다. 갯벌 구멍 속에 들어가기를 좋아한다. 9~10월이 되면 배 속에 밥풀처럼 생긴 알이 있어 즐겨 먹을 수 있다. 겨울에는 틀어박혀 구멍 속에 새끼를 낳는다. 빛깔은 하얗고 맛은 감미로우며 회나 국 또는 포에 좋다. 이를 먹으면 사람의 원기를 북돋운다. (…) 말라빠지고 쇠약해진 소에게 낙지 서너 마리를 먹이면 곧 건실해진다.

강제개명은 이제 그만! '쭈꾸미'가 아니라고요

낙지와 비슷한데 낙지가 아닌 유사종으로 주꾸미를 떠올릴 수 있다. 주꾸미는 낙지와 크기도 고만고만하고 낙지보다 다리가 좀 더 짧을 뿐 생김새도 비슷하다. 문어가 동해를 대표하고 낙지가 남해에서 주로 난다면, 주꾸미(학명 *Amphioctopus aegina*)는 서해에서 주로 산다. 낙지가 갯벌 구멍 속에 납작 숨어 살면서 팔만 내밀어서 먹이를 찾는 겁 많고 게으른 놈이라면, 주꾸미는 발을 쭉쭉 펴고 발길질하면서 물속을 자유롭게 유영하는 호기심 많고 부지런한 놈이라고 할 수 있다.

주꾸미를 영어로는 웹풋 옥토퍼스Webfoot octopus라고 부르는데, 발을 쫙 벌린 모습이 거미줄을 닮았다고 하여 붙여졌으리라 짐작된다. 이름에 관하여 우리나라의 기록을 살펴보자면, 『자산어보』에는 주꾸미를 '준

주꾸미

어蹲魚', '죽금어竹今魚'라고 부르며 "크기는 네댓 치에 / 네다섯 치에 불과하다. 모양은 문어를 닮았으나 다리가 짧아 겨우 몸길이의 반밖에 되지 않는다"라고 묘사되어 있다. 주꾸미의 한자 표기인 준어에서 '준' 자는 '움크리다, 한곳에 모으다, 춤추는 모양'이라는 뜻이다. 주꾸미를 뜨거운 물에 넣어 삶을 때 모양새를 본 사람은 왜 이 한자를 이름에 붙였는지 이해될 것이다. 정약전 선생도 당시 주꾸미를 삶아 드셨다는 내 추론이다.

주꾸미는 전체 체장이 20센티미터 내외의 소형 팔완류이며, 최대 30센티미터까지 자란다. 낙지보다는 발 길이가 짧고, 다리와 두 눈 사이의 좌우에 황금빛 동그라미가 그려진 금태 무늬가 있다. 연안 50미터 수심보다 얕은 조간대 바위틈, 모래와 자갈 바닥에 주로 살며 밤에 활동한다. 수명은 1년이다. 산란기는 3~5월이며, 부화기간은 55일이다. 주꾸미는 산란할 때 바닷속 굴이나 바위 틈새 같은 오목한 곳에 들어가 포도송이 모양의 알 덩어리를 붙여놓는다. 이런 산란 습성을 익히 알고 있는 서해 어민들은 피뿔고둥의 빈 패각으로 '주꾸미 소라방'을 만들어 주꾸미를 잡는다. 주꾸미 자원조성을 위해 서해 연안바다목장 조성사업에서는 이 패각을 바닷속에 설치하여 인위적으로 산란장을 만들어주고 산란을 돕는데, 어민들의 반응이 좋다.

최근 들어서는 서해안에서 특별한 기술과 미끼 없이도 남녀노소가 쉽게 잡을 수 있는 주꾸미 낚시조업이 성행이다. 어업통계를 보면, 2016년 가을철에 서해 천수만을 비롯한 보령 연안에서 주꾸미 선상낚시로 한 사람당 3~4킬로그램을 잡았다. 이 시기 주꾸미 한 마리 평균 체중이 30~60그램이니, 한 번 출조해서 100마리를 잡는 셈이라 손맛 즐기는 재미가 쏠쏠하다. 물살이 약한 조금 때가 물살이 센 사리 때보다 2배로 잘 잡힌다고 한다. 유영력이 약한 주꾸미는 물살이 너무 세면 섭이활동을 하지 않는 것일까?

이 철에 동네 횟집 앞을 지나다 보면 유리문에 '쭈꾸미 입하'라고 써붙여 있는 것을 종종 발견한다. 주꾸미가 '쭈꾸미'라고 격한 발음으로 불리고 있는 것은 그만큼 세상 살기 빡빡하다는 반증일 것이다. 화가 났

을 때 발음이 세지고 목소리가 높아지는 것과 같은 이치이다. 가는 말이 고와야 오는 말이 곱다고, 우리네 삶이 조금만 더 넉넉하고 여유롭다면 오가는 말투도 순해질 것인데 말이다. 세상은 어수선하지만 그래도 우리의 말에서 칼날을 먼저 내려보는 건 어떨까.

바닷속
토끼와 거북이

군소·군부

나에게 추억이란 '엄마'이다. 엄마는 태초에 나에게 먹이를 준 존재이고, 내가 살아오면서 산해진미를 먹어봤어도 나이가 들면서 결국 찾는 건 '엄마의 손맛'이었다. 같은 이치로 나에게 처음 비린내를 맡게 해줬던 어부는 나에게 '갯가 엄마'인 셈이다. 기억조차 가물가물하지만, 그 언젠가 뱃일 끝에 투박한 손으로 데치고 썰어 초고추장을 듬뿍 묻혀 먹여줬던 추억을 찾아나선다. 이름도 먹먹하고 생김새도 침침하지만 혀에 남아 있는 기억만으로 말이다.

시커멓던 그 무엇으로만 기억했던 '군소'에 대해 알아보려고 인터넷을 뒤져보니 제일 먼저 만난 게 낯익은 사람의 이름이었다. 바로 《국제신문》의 박수현 기자이다. 그는 직접 바닷속을 들어가 수중사진을 찍고 기사를 쓰는 기자로 유명하다. 그가 군소에 얽힌 재미있는 옛날이야기를 풀어놓은 것이 있기에, 여기에 소개한다.

용왕님이 큰 병이 들었는데 토끼 간이 이 병에 특효라 해서 충직한 신하 별주부가 육지로 나가 온갖 감언이설로 토끼를 꼬드겨 용궁으로 데려오는 데까지는 성공하였다. 하지만 토끼는 자기 간을 뭍에 두고 왔다고 재간을 부려 나가서 가져오겠다고 하고는 육지로 냅다 도망쳤다는 것이다. 여기까지는 누구나 다 아는 〈별주부전〉 이야기이다. 그런데 그 뒷이야기가 있었다고 한다. 별주부의 집요함으로 결국 토끼는 용왕님에게 간을 빼주게 되었고 그 뒤에 용궁에 눌러앉아 호의호식하며 살았다는 것이다.

바다에도 토끼가 산다

명색이 과학자인 내가 이 〈별주부전 후일담〉을 순순히 믿을 수 없는 노릇이다. 그런데 박수현 기자는 실제로 바닷속에서 그 토끼를 만났다고 하면서 직접 찍은 사진을 친절하게 증거로 내밀었다. 과학은 증거로 말하는 법이 아닌가. 그를 당할 재주가 없다고 생각하고 사진을 자세히 들여다보면서 탐문수색을 하였다. 그러자 내 눈에도 토끼를 꼭 빼닮은 '군소'가 보이는 것이었다.

군소의 머리에는 2쌍의 더듬이가 있는데 작은 것은 촉각을, 큰 것은 냄새를 감지한다. 이 중 1쌍의 큰 더듬이가 토끼의 귀를 닮아 영락없는 토끼처럼 보이는 것이다. 그래서 군소를 두고 실제로 어떤 어부들은 '바다토끼'라 부르고 있으며, 영미권에서도 군소를 '시 헤어Sea hare'라 부르는 것을 보면 이들도 군소의 생김새를 토끼로 본 듯하다.

군소를 바다토끼라고 부른 것은 단지 겉모습뿐 아니라 육상의 토끼가 풀을 뜯어 먹듯이 바닷속 군소가 바다풀인 해조류를 뜯어 먹는 식습관에서도 찾은 듯하다. 바닷속을 유영하다 보면 모자반 밑동이나 엽상체에 올라타 있는 군소를 발견할 수 있다. 또한 군소는 땅 위에 사는 토끼만큼 다산의 동물이기도 하다. 봄~여름 바닷속을 다니다 보면 암수한몸인 군소들이 서로 껴안고 여러 마리가 함께 연쇄교미를 하는 모습을 흔하게 볼 수 있다고 한다. 이들은 해조류가 부착된 바위틈에 라면 가

락같이 생긴 노란색이나 주황색의 알 덩어리(난괴卵塊)를 몇 주에 걸쳐 여러 차례 낳는데, 한 마리가 산란한 알의 수가 수억 개에 이른다. 만약 이 알들이 모두 성장해서 재생산에 나선다면 1년 만에 지구 표면은 2미터 두께의 군소로 덮이게 될 테지만, 산란된 군소 알의 대부분은 물고기나 불가사리, 해삼 등에게 먹잇감이 되어 사라지니 어찌 보면 다행인 일이다.

군소는 잡아먹힐 위기가 닥쳤을 때 같은 연체동물인 오징어나 문어가 먹물을 뿜어내는 것처럼 보라색의 색소를 뿜어낸다. 갑자기 바닷속을 뒤덮는 이들 색소는 포식자에게 상당히 혐오스럽게 느껴질 것이다. 더욱이 물속에서 군소를 잡았을 때 느껴지는 물컹한 촉감은 어지간히 비위가 강한 사람이라도 저절로 손을 놓고 말 정도이니, 거친 자연에서 저마다 살아가는 방법이 있기 마련이다.

박수현 기자는 군소라는 이름에 얽힌 이야기 하나를 더 전한다. 어느 어촌에 어민들의 민생고를 듣고자 찾아온 군수와의 면담 자리가 있었다. 미역을 채취하며 근근이 살아가던 어민들이 수확이 예년만 못하다며, "고놈의 군소 때문에 못 먹고 살겠다"라고 하소연을 하였다. 군소의 먹잇감은 미역, 다시마, 모자반 등의 해조류로, 군소가 많이 번식하는 해에는 포자를 내야 할 해조류조차 다 먹어치워 그해 작황이 망쳐지곤 하기 때문이다. 그런데 '군소'를 '군수'로 잘못 들은 신임 군수는 그만 얼굴이 벌겋게 달아오르고 말았다고 한다. 혹시 '군소'로 제대로

위협을 받을 때 색소를 내뿜는 군소 ⓒ박수현

듣고도 해조류를 갉아먹는 군소에게서 가혹한 세금에다 사리사욕을 위해 백성들의 뼈와 살을 갉아 먹는 탐관오리인 군수를 연상한 것은 아닐까 싶기도 하다.

굽혀진다고 뼈대마저 없으리오

군소(학명 *Aplysia kurodai*)는 우리나라 전 해역의 얕은 수심에서 사는데, 주로 대형 갈조류를 섭식하는 초식자이지만 해조류가 풍부하지 않은 곳에서는 저서성 규조류도 섭식한다. 군소는 분류학상 연체동물문 복족강 후새하강 무순목 군소상과 군솟과에 속한다. 몸체는 물렁한 연체동물이며 넓고 편평한 포복성 발이 배 안에 들어 있어 복족류인데, 이들 복족류로는 소라나 전복, 달팽이 등을 떠올릴 수 있다. 복족류이지만 단단한 껍질인 조가비가 없고 거의 퇴화된 종잇장 같은 작은 껍질이 몸 안에 숨겨져 있다. 겉은 흐물거리지만 속에 뼈대를 가진 가문의 특징을 보여준다. 후새류는 전새류, 유폐류와 함께 복족류에 속하는 분류군인데, 아가미가 심장보다 뒤에 있어 이런 이름을 붙였다. 군소의 몸 양쪽에는 날개 모양의 근육이 있고 뒤쪽으로 갈수록 약간 갈라져 있다. 가끔은 등 쪽에 접혀 있던 지느러미 같은 것을 펄럭이며 헤엄을 치기도 하지만 대체로 바닥에 붙어 기어 다닌다. 몸 색깔은 주로 흑갈색 바탕에 회백색을 띠지만 주변 환경에 따라 차이가 심하다.
『자산어보』에서는 군소를 '굴명충屈明蟲'이라고 소개했다. 굽혀지는 모습을 관찰한 것 같다.

형상은 알을 품은 닭과 같으나 꼬리가 없다. 머리와 목이 약간 높으며 고양이 귀와 같은 귀가 있다. 배 아래는 해삼의 발과 같으며 역시 헤엄을 칠 수 없다. 색은 짙은 흑색이며 적색 무늬가 있다. 온몸에 피가 있으며 맛은 싱겁다. 영남 사람들이 먹는데, 여러 번 아주 깨끗이 씻어 피를 제거하지 않으면 먹을 수 없다.

이미 선생은 군소가 알을 낳는 난생이며 기는 다리를 가진 복족류임을 간파하셨다. 실학자인 만큼 관찰로만 기술하지 않고 백성이 이용할 수 있는지를 고민한 흔적이 엿보인다. 그 결과로 그 맛이나 색소를 깨끗이 빼내야 함을 알게 된 것이리라. 실학은 곧 과학이요, 과학은 곧 실학이어야 함을 과학인 나에게 가르쳐주는 대목이다.

군소를 잡아 올린 해녀들은 군소의 배를 갈라 색소를 완전히 빼낸 후 데쳐 건조시킨다. 크기가 40센티미터에 이르는 군소도 이렇게 장만하고 나면 계란 크기 정도로 쪼그라든다. <삼시세끼 어촌편>에서 유해진과 차승원이 잔뜩 기대하면서 군소를 삶았다가 쪼그라든 모습을 보고 "이거 다 어디갔냐! 누가 이랬냐!"라며 경악했을 정도이니 짐작이 갈 것이다. 그 원인을 말하자면, 군소 몸의 대부분이 수분이기 때문이다. 《대한내과학회지》 보고에 따르면, 군소에는 디아실헥사디실글리세롤과 아플리시아닌이라는 성분이 있다고 한다. 디아실헥사디실글리세롤은 군소 알의 지방 성분으로 먹으면 구토와 설사를 유발하고, 아플리시아닌은 알과 내장에 있는 성분으로 사람의 간에 염증을 일으켜 독성 간염을 일으킨다고 추정하였다. 이 성분들은 가열해도 남기 때문에 요리하기 전에 반드시 내장과 알을 완전히 빼야 한다. 내장과 색소를 빼내고 데친 군소를 초고추장에 찍어 먹어보았는데 문어보다 쫄깃한 식감이 있었다. 어느 시식자의 후기를 옮겨본다.

군소를 씹는 맛은 거칠다. 잘 안 씹힌다는 표현이 더 정확할 듯하다. 조금이라도 요리를 잘못하면 스펀지 식감의 타이어 맛이다. 끝맛은 쌉싸름하며, 바다 비린내가 난다. 입에 맞지 않으면 일회성으로 먹고 그칠 맛이다.

딱 그 맛이다. 독특한 질감과 향 때문에 일부 바닷가 사람들이 즐기지만 일반인들은 생소한 외모와 식감 탓에 몰라서 못 먹고 무시해서 발로 차버리곤 한다.

이런 생물 보셨어요?

그런가 하면 군소와 같은 연체동물이고 이름도 비슷한 군부(학명 *Acanthopleura japonica*, 영명 chiton)가 있다. 그렇지만 생김새는 전혀 딴판이라 같은 연체동물이라는 것이 믿기지 않을 정도이다. 자세히 관찰해보면 겉보기와 다르게 말랑말랑한 몸을 가지고 있다.

다큐멘터리 <대양을 담은 바다, 조수웅덩이>를 만든 임형묵 감독은 조간대 생태 소개를 할 때 많은 사람들이 군부가 살아 있는 생물인가 의문을 품는다고 한다. 언뜻 보면 마치 화석처럼 돌의 일부가 되어 굳어버린 것처럼 보이기 때문이다. 임 감독은 "자세히 보고 있으면, 이들도 꽤 부지런히 움직인다"라고 강변한다. 그래도 믿지 않으면 주변의 호

군부의 무리 ⓒ임형묵

박돌 하나를 뒤집어서 보여준단다. 대개 그런 돌 아래에는 어두운 곳
을 좋아하는 군부들이 붙어 있는데, 돌이 뒤집혀 밝은 곳에 드러나면
재빨리 어둠을 찾아 숨어들어 간다. 사람들은 그제야 군부가 살아 움
직인다는 것을 인정한다고 한다.

임형묵 감독은 군부라는 이름의 유래도 전하는데, 움직임이 느려 굼뜨
다는 뜻의 '굼'자가 붙어 '굼보'였다가 '군부'로 이름이 바뀌게 된 것이
라고 한다. 군부는 특이한 생김새 때문에 이름이 아주 많다. 갯바위에
딱지처럼 붙어 있어 '딱지조개'라고도 한다. 신발 같다고 '신짝'이나 '짚
세기'라고 한다. 손톱이나 발톱 같다고 '할미손톱', '돼지발톱'이라고도

한다. 바위에서 떼어놓으면 몸을 동그랗게 구부리는 모양을 보고 '등꼬부리', '배오무리', '할뱅이'라고도 한다. 결국 이름을 붙일 때 생김새가 우선이요, 습성이 그 다음이다. 옛날 선조든 요즘 사람이든 과학자든 어민이든 생각하는 것에는 큰 차이가 없다.

『자산어보』에서는 군부를 '귀배충龜背蟲'이라고 소개했다. '굼범九音法' 또는 '딱지조개'라고도 부른다.

> 형상은 거북이 등과 유사하고 색도 비슷하다. 다만 등딱지가 비늘로 되어 있다. 크기는 거머리만 하고, 발이 없어 전복처럼 배로 다닌다. 돌 사이에 나는 놈은 쇠똥구리처럼 작다. 삶아서 비늘을 제거하고 먹는다.

군부가 거북이 등처럼 단단한 패각을 가졌음은 관찰하셨지만 전복처럼 발이 없다고 적힌 것으로 보아, 발이 배 밑에 숨겨져 있는 것은 모르셨던 것 같다. 바위에서 떨어져 돌아다닐 때는 쇠똥구리처럼 몸을 돌돌 말아 다니는 것도 관찰하셨다. 속명인 '굼범'은 혹시 '굼벵이'에서 온 말이 아닐까? 돌돌 마는 것이 굼벵이처럼 보일 수도 있으니 말이다. 과학자가 별 상상을 다 한다 싶겠지만 과학은 상상을 현실로 옮기는 학문이다.

분류학적으로는 연체동물문 다판강 신군부아강 군부목 군부아목 군부상과 군붓과 군부아과에 속한다. 전 세계적으로 1,000여 종이 널리 분포하며 특히 따뜻한 해역에 주로 서식한다. 우리바다에는 20여 종류의 군부가 살고 있는데, 제주도를 포함하여 전 해안의 중부 조간대에서부터 수심 3미터까지의 조하대에 산다. 조간대 갯바위에 사는 놈들은 바닷물이 차면 먹이를 찾아 돌아다니다가 바닷물이 빠지기 전에 제자리로 돌아가는 귀소본능이 있다.

군부의 길이는 5센티미터 정도로 암갈색을 띤다. 그 생김새는 난형으로 납작하고 좌우대칭이며, 등 쪽에 손톱 모양의 패각판인 각판 8장이 기왓장처럼 포개져 있다. 그래서 분류학상 다판강에 속한다. 각 판은 가로로 활 모양처럼 굽었고 좌우 양쪽은 둥그스름하다. 전체 몸통에서 각판이 차지하는 면적이 대부분이다. 각판들을 감싸고 있는 가장자리 육질부인 육대肉帶는 주로 엷은 적갈색이고 육대 위에 흰색 가로띠가 있으며, 표면에는 작은 돌기들이 촘촘히 나 있어 만져보면 거칠다. 배 쪽에는 기거나 바위에 밀착할 수 있도록 넓고 편평한 발을 가지고 있는데 그 색은 황백색이다. 키틴질로 된 톱 모양의 혀인 치설齒舌, radula이 잘 발달되어 있어 암석에 붙어 있는 미세조류나 규조류를 갈아 훑어 먹는다.

이렇게 두꺼운 각판을 갖고 있음에도 불구하고 몸통이 유연하여 갯바위 구석진 틈에 몸을 완전히 밀착시켜 살아간다. 부착력이 매우 강해서 별도의 도구를 사용하지 않고는 바위에서 온전하게 떼어내기가 어려우며, 바위에서 떨어지면 공 모양으로 몸을 떼구루루 만다. 낮에는 움직이지 않으나 밤에는 이동하는 야행성이다.

군부를 먹으려면 일단 갑옷부터 무장해제시켜야 하는데, 당연히 바닷가에 사는 어민들이 그 노하우를 가지고 있다. 일일이 까지 않고 돌바닥에 벅벅 문질러 껍질을 벗기는 것인데, 집 마당을 포장한 시멘트 바닥이 최적이다. 가장자리 좁쌀 같은 돌기들이 먼저 떨어져 나가고 등딱지 8개는 일일이 손으로 벗겨내야 한다. 그런 수고에 비해 먹을 것이 많지 않고 특별한 향이나 풍미도 없지만, 군부는 맛보다는 식감이다. 단단한 것이 쫄깃해서 씹는 맛이 있다. 골뱅이무침처럼 매콤하게 무치면 나름 괜찮다는 게 임형묵 감독의 전언이다. 나에겐 소주를 부르는 술안주이다.

친애하는 인간에게, 물고기 올림
물고기 박사 황선도의 현대판 자산어보

© 황선노, 2019. Printed in Seoul, Korea

초판 1쇄 펴낸날	2019년 9월 4일
초판 2쇄 펴낸날	2019년 12월 12일
지은이	황선도
펴낸이	한성봉
편집	안상준·하명성·이동현·조유나·박민지·최창문·김학제
디자인	전혜진·김현중
마케팅	이한주·박신용·강은혜
경영지원	국지연·지성실
펴낸곳	도서출판 동아시아
등록	1998년 3월 5일 제1998-000243호
주소	서울시 중구 소파로 131 [남산동 3가 34-5]
페이스북	www.facebook.com/dongasiabooks
전자우편	dongasiabook@naver.com
블로그	blog.naver.com/dongasiabook
인스타그램	www.instargram.com/dongasiabook
전화	02) 757-9724, 5
팩스	02) 757-9726

ISBN	978-89-6262-297-3 03490

이 도서의 국립중앙도서관 출판예정도서목록(CIP)은
서지정보유통지원시스템 홈페이지(http://seoji.nl.go.kr)와
국가자료공동목록시스템(http://www.nl.go.kr/kolisnet)에서
이용하실 수 있습니다.(CIP제어번호: CIP2019032608)

※ 잘못된 책은 구입하신 서점에서 바꿔드립니다.

만든 사람들

책임편집	한민세·최창문
크로스교열	안상준
디자인	전혜진
본문조판	디자인붐